园林花卉实践技术指导

主　编　惠俊爱

副主编　周厚高　张碧佩

参　编　盛爱武　王　敏　薛彬娥　王诗敏

　　　　王　俊　叶向斌　王文通

华中科技大学出版社

中国·武汉

内 容 提 要

本书主要讲解花卉基础知识、实践相关技术等，是在多年课堂教学、实践经验基础上编写而成的。本书主要根据“花卉学”教学大纲的要求，以大纲规定的实践内容为主，并做了必要的补充和扩展，用以拓展学生的眼界以及提高学生的动手能力。

本书适合作为高等院校园林、园艺、城市规划等专业学生“花卉学”课程的知识辅导和实践指导教材，也可以作为广大园艺园林爱好者的工具书。

图书在版编目(CIP)数据

园林花卉实践技术指导/惠俊爱主编. —武汉：华中科技大学出版社，2023.11
ISBN 978-7-5772-0086-6

Ⅰ. ①园… Ⅱ. ①惠… Ⅲ. ①花卉-观赏园艺-高等学校-教材 Ⅳ. ①S68

中国国家版本馆 CIP 数据核字(2023)第 219587 号

园林花卉实践技术指导 惠俊爱 主编
Yuanlin Huahui Shijian Jishu Zhidao

策划编辑：王新华
责任编辑：李 佩 李艳艳
封面设计：原色设计
责任校对：朱 霞
责任监印：周治超
出版发行：华中科技大学出版社(中国·武汉) 电话：(027)81321913
武汉市东湖新技术开发区华工科技园 邮编：430223
录 排：华中科技大学惠友文印中心
印 刷：武汉开心印印刷有限公司
开 本：787mm×1092mm 1/16
印 张：12
字 数：312 千字
版 次：2023 年 11 月第 1 版第 1 次印刷
定 价：38.00 元

普通高等学校“十四五”规划生命科学类创新型特色教材

编　委　会

普通高等学校"十四五"规划生命科学类创新型特色教材

作者所在院校

（排名不分先后）

北京理工大学
广西大学
广州大学
哈尔滨工业大学
华东师范大学
重庆邮电大学
滨州学院
河南师范大学
嘉兴学院
武汉轻工大学
长春工业大学
长治学院
常熟理工学院
大连大学
大连工业大学
大连海洋大学
大连民族大学
大庆师范学院
佛山科学技术学院
阜阳师范大学
广东第二师范学院
广东石油化工学院
广西师范大学
贵州师范大学
哈尔滨师范大学
合肥学院
河北大学
河北经贸大学
河北科技大学
河南科技大学
河南科技学院
河南农业大学
石河子大学
菏泽学院
贺州学院
黑龙江八一农垦大学
华中科技大学
南京工业大学
暨南大学
首都师范大学
湖北大学
湖北工业大学
湖北第二师范学院
湖北工程学院
湖北科技学院
湖北师范大学
汉江师范学院
湖南农业大学
湖南文理学院
华侨大学
武昌首义学院
淮北师范大学
淮阴工学院
黄冈师范学院
惠州学院
吉林农业科技学院
集美大学
济南大学
佳木斯大学
江汉大学
江苏大学
江西科技师范大学
荆楚理工学院
南京晓庄学院
辽东学院
锦州医科大学
聊城大学
聊城大学东昌学院
牡丹江师范学院
内蒙古民族大学
仲恺农业工程学院
宿州学院
云南大学
西北农林科技大学
中央民族大学
郑州大学
新疆大学
青岛科技大学
青岛农业大学
青岛农业大学海都学院
山西农业大学
陕西科技大学
陕西理工大学
上海海洋大学
塔里木大学
唐山师范学院
天津师范大学
天津医科大学
西北民族大学
北方民族大学
西南交通大学
新乡医学院
信阳师范学院
延安大学
盐城工学院
云南农业大学
肇庆学院
福建农林大学
浙江农林大学
浙江师范大学
浙江树人学院
浙江中医药学院
郑州轻工业大学
中国海洋大学
中南民族大学
重庆工商大学
重庆三峡学院
重庆文理学院
辽宁大学
燕山大学
临沂大学
山西医科大学
宁夏大学
重庆第二师范学院
齐鲁理工学院
六盘水师范学院
河西学院
广西贵港工业学院

前言

我国素有“世界园林之母”的美称，花卉资源丰富，种类繁多，原产于中国的花卉植物也很多。随着人们生活水平的提高，对美化环境和愉悦心灵的需求也日益增多。花卉以其独特的美丽和芬芳，成为人们追求美好生活的象征。通过多年的探索和长期的积累，仲恺农业工程学院的“花卉学”课程建设已有了一定基础，形成了一定的特色，受到校内外专家和同行的关注和赞赏，华南农业大学、华南师范大学等专家对该门课程评价很高：仲恺农业工程学院“花卉学”课程，体现了新，表现在利用现代技术传授最新知识和最新技术，引领产业发展；体现了实，表现在根据产业发展的实际，培养学生实践能力。

本书共介绍63个实践，教师可根据教学实际情况，选择性地进行学习。每个实践2～4学时。编写此书是为了更好地帮助学生理解和掌握“花卉学”的基本理论和基本操作技能，提高学生对花卉知识的掌握程度和实践课的教学质量，培养学生独立思考及动手的能力。

本书具有以下特点。

(1) 内容丰富。本书第一部分主要介绍花卉实践相关的基础知识，第二部分主要介绍花卉实践技术，反映了我国源远流长的花卉文化是融观赏性、艺术性、专业性、商业性、趣味性和知识性于一体的。

(2) 实践代表性强，实用性强。从花卉的生物学特性，花卉的分类，花卉的识别，花卉的栽培、管理、养护等各个环节入手，与生产实践及应用密切结合，实用性强。

(3) 先进性。与时俱进，把最先进的技术知识融入本书。无土栽培是近年新兴的花卉栽培技术，它是根据植物生长发育需要的各种养分，配制成营养液，让花卉植物直接吸收利用。温室为花卉种植业的发展提供了新的机遇。通过稳定的种植环境、高效节能的特点、灵活多变的种植方式，先进大棚为花卉的生长提供了良好的条件。本书引入国际花卉标准的关键指标与理念，对鲜切花产品进行等级划分，将鲜切花外观与内在品质相结合。本书还介绍了花卉采后保鲜处理与检测要求等。

本书由仲恺农业工程学院园艺园林学院“花卉学”课程组编写，并得到了广东省教育厅项目的支持和资助，在此表示衷心的感谢。

由于编者水平有限，书中难免存在不足之处，敬请使用本书的读者批评指正。

编　者

目　　录

第一篇　基础知识

第一篇

基础知识

第1章 花卉与花卉产业

1.1 相关术语

(1) 花卉:花卉有狭义和广义之分。狭义的花卉是指草本的观花和观叶植物。广义的花卉是指具有观赏价值,并经过一定技艺进行栽培与养护的植物。花卉学是一门应用性的综合学科,是研究花卉的分类、生产及应用的科学。

(2) 观赏植物:具有观赏价值的植物,包括有观赏价值的野生植物和栽培植物。花卉与观赏植物的区别在于,花卉是经过栽培与养护的植物,而观赏植物除此以外,还包含有观赏价值的野生植物。

(3) 花卉产业:将花卉作为商品,进行研究、开发、生产、储运、营销以及售后服务等一系列的活动内容。

(4) 花卉产业:包括鲜切花、盆花、绿化苗木、种苗、种球、种子的生产,花盆、花肥、花药、栽培基质、各种资材的制造,以及花店营销、花卉产品流通、花卉装饰及花卉租摆等售后服务工作等。

(5) 切花、切叶:从植物活体上剪下来的用于观赏或装饰的部分。根据产品的加工程度,切花、切叶可分为鲜切花(切花)、鲜切叶(切叶)和干花。从植株上剪切下来以鲜活状态用于观赏的植物部分,以花、茎、芽等带有茎干形态存在的称为鲜切花;以叶的形态存在的称为鲜切叶;经过加工而不以鲜活状态出售的,统称为干花。

(6) 盆栽植物:以观赏为目的而用容器养护的植物。盆栽植物分为盆栽花卉(简称盆花)、观叶植物和盆景三类。

(7) 盆栽花卉:经过严格的修剪造型,以植物的花、果为主要观赏目的的盆栽植物。

(8) 观叶植物:以植物的茎、叶为主要观赏目的的盆栽植物。

(9) 盆景:以鲜活植物的植株为主要材料,经过对植物植株进行严格的修剪造型,或同时配以适当的石、水、土等辅助材料,以植株的造型艺术为主要观赏目的的盆栽植物。

1.2 花卉的意义和作用

(1) 城乡园林绿化的重要材料。

（2）人类精神文化生活中不可缺少的内容。

（3）国民经济的组成部分。

（4）在其他方面的作用，如食用、药用、配茶、提炼精油等。

1.3　我国花卉业概况

（1）中国花卉栽培简史：中国花卉业的始发期——周秦时期；渐盛期——魏晋南北朝时期；兴盛期——隋、唐、宋时期；起伏停滞期——明、清、民国时期。

（2）我国花卉资源对世界的贡献：中国——园林之母。

（3）我国花卉业的现状与发展前景：我国已经成为世界花卉生产大国，花卉产业既是美丽的公益事业，又是新兴的绿色朝阳产业。发展花卉业对于绿化美化环境、建设美好家园，调整产业结构、增加城乡人均收入，扩大社会就业、提高人民生活质量都具有重要作用。

花卉业是一种绿色环保型产业，在现代城市化进程中越来越受到人们的关注。我国花卉业区域布局明显优化，基本形成了以云南、北京、上海、广东、四川、河北为主的切花生产区域。

伴随着中国农业产业结构的调整，我国花卉产业越来越显示出其强大的生命力。花卉业属于劳动密集型产业，若能解决品种改良、储存、运输等环节的问题，市场前景将会非常可观。未来，我国花卉业品种结构将向高档化发展，价格日趋合理；花卉市场流通领域迅速转型；科技水平不断提高，科技种花将深入人心。

1.4　世界花卉生产的特点

（1）花卉生产：区域化、专业化。

（2）花卉生产的现代化、温室化、工厂化，以及花卉生产新的栽培技术（组织培养技术、无土栽培技术等）。

（3）花卉产品的优质化。

（4）花卉生产、经营、销售的一体化。

（5）花卉的周年供应。

1.5　世界花卉生产的发展趋势

（1）切花市场需求量逐年增加。

（2）扩大面积，转移基地。

（3）观叶植物发展迅速。

（4）野生花卉的引种。

（5）研究开发新品种。

1.6 花文化知识

(1) 城市市花。

①北京——月季花、菊花。

②广州——木棉。

③上海——玉兰。

④济南——荷花。

⑤杭州——桂花。

⑥南京——梅、雪松。

⑦哈尔滨——紫丁香。

⑧天津——月季花。

⑨长春——君子兰。

⑩大连——月季花。

⑪开封——菊花。

⑫洛阳——牡丹。

⑬桂林——桂花。

⑭绍兴——兰花。

⑮无锡——梅。

(2) 花的称谓(雅号)。

①花中之王——牡丹。

②花中宰相——芍药。

③花中皇后——月季花。

④花中西施——杜鹃。

⑤花中珍品——山茶。

⑥人间第一香——茉莉。

⑦花中魁首——梅。

⑧岁寒三友——松、竹、梅。

⑨园林三宝——树中银杏、花中牡丹、草中兰。

⑩蔷薇三姊妹——蔷薇、月季花、玫瑰。

⑪花中四友——茶花、迎春、梅、水仙。

⑫花中四君子——梅、兰、竹、菊。

⑬花草四雅——兰、菊花、水仙、菖蒲。

(3) 世界四大切花:菊花、月季花、康乃馨(即香石竹)、唐菖蒲(即剑兰)。

(4) 我国十大传统名花。

①梅:花中魁首。万花敢向雪中出,一树独先天下春。

②牡丹:花中之王。疑是洛川神女作,千娇万态破朝霞。

③菊花:春露不染色,秋霜不改条。

④兰花:花中君子。兰生于深林,不以无人而不芳。

⑤月季花:花中皇后。只道花无十日红,此花无日不春风。
⑥杜鹃:花中西施。灿烂如锦色鲜艳,殷红欲燃杜鹃花。
⑦山茶:花中珍品。惟有山茶偏耐久,绿丛又放数枝红。
⑧荷花:出水芙蓉。出淤泥而不染,濯清涟而不妖。
⑨桂花:共道幽香闻十里,绝知芳誉亘千乡。
⑩水仙:凌波仙子。借水开花自一奇,水沉为骨玉为肌。

第2章　花卉的起源与分布

2.1　起源中心

（1）原始起源中心：又称初生起源中心，是遗传类型多样化、分布集中、具有地区特有性状并出现原始栽培种、近缘野生种的地区。

（2）次生起源中心：部分物种被引入新的地理条件后，发生了突变或杂交后产生了新的类型或品种，形成了栽培种或品种的次生起源中心。

（3）多样性变异的原因：漫长的时间（次要因子）与复杂的栽培环境（主导因子）。

2.2　世界气候型及其代表花卉

1. 中国气候型（大陆东岸气候型）

（1）特点：冬寒夏热，年温差大。夏季降雨量集中。

（2）代表地区：中国的华北、华东地区。属于此气候型的还有与此相似的日本、韩国、北美洲东部、大洋洲东南部、非洲的东南部等。

（3）代表花卉：中国水仙、中华石竹等。

此气候型又分为温暖型和冷凉型。

（1）温暖型：低纬度地区，中国长江以南地区、日本西南、北美东南部及大洋洲东部等地。

（2）冷凉型：我国华北、东北南部、日本东北部、北美东北部等地。

2. 欧洲气候型（大陆西岸气候型）

（1）特点：冬季气候温暖，夏季温度不高，雨水四季都有，但降雨量偏少。

（2）代表地区：欧洲大部分地区。

（3）主要代表花卉：雏菊、羽衣甘蓝、三色堇、紫罗兰等。

3. 地中海气候型

（1）特点：冬不冷，夏不热，冬季多雨，夏季干燥，因此球根花卉种类众多。

（2）代表地区：地中海沿岸地区，与地中海气候相似的南非好望角地区等。

（3）主要花卉：风信子、郁金香、水仙、仙客来、小苍兰等。

4. 墨西哥气候型

墨西哥气候型包括热带气候型、沙漠气候型与寒带气候型。

(1) 特点:热带高原气候型。热带及亚热带高山地区,四季如春,年温差小。四季有雨或集中于夏季。花卉特点:喜欢夏季冷凉,但耐寒性弱。

(2) 代表地区:墨西哥地区、南美洲的安第斯山脉、中国云南地区等。

(3) 代表花卉:大丽花、百日草、波斯菊、万寿菊、云南山茶等。

5. 热带气候型

(1) 特点:全年高温,温差小,有的地方全年温差不到 1 ℃。降雨量大,但不均匀,分为雨季和旱季。

(2) 代表地区:亚洲、非洲、大洋洲及中美洲等的热带地区。

(3) 主要代表花卉:鸡冠花、彩叶草、红桑、万带兰、美人蕉等。

6. 沙漠气候型

(1) 特点:全年降雨量少,气候干燥。

(2) 代表地区:非洲、黑海东北部、大洋洲中部、墨西哥西北部及我国海南岛西南部。

(3) 代表花卉:仙人掌科植物、多浆植物。

7. 寒带气候型

(1) 特点:冬季漫长而严寒,夏季短促而凉爽,植物生长期只有 2～3 个月。夏季白天长,风大,植物低矮,生长缓慢。

(2) 代表地区:西伯利亚、阿拉斯加等高山地区。

(3) 代表花卉:绿绒蒿、龙胆、雪莲、点地梅等。

第3章 花卉的多样性与分类

3.1 花卉的生物多样性

生物多样性是生命有机体以及其赖以生存的生态复合体的多样性和变异性，确切地讲，是指所有生物类群、种内遗传变异和它们生存环境的总称，包括所有不同种类的动物、植物、微生物以及它们所拥有的基因，它们的生存环境所构成的生态系统。

(1) 物种多样性(种间多样性)：我国约有30000种高等植物，遍布全国，据不完全统计，我国有观赏价值的栽培园林植物达6000种以上。

(2) 遗传多样性(种内多样性)：全球有月季花10000多种、郁金香8000多种、水仙3000多种。

(3) 生态系统多样性：生物群落与生境类型的多样性。

①陆生生态类型：森林、灌丛、草甸、沼泽、草原和冻原。

②水生生态类型：河流、湖泊和海洋。

3.2 花卉的分类

(1) 按生态习性分类：一、二年生花卉、球根花卉、宿根花卉、多浆植物、室内观叶植物、兰科花卉、水生花卉、木本花卉(高山花卉及岩生植物、地被植物)等。另外，球根花卉还可分为鳞茎类、球茎类、块茎类、根茎类、块根类。

(2) 按形态分类：草本花卉(多年生草本与一、二年生草本)、木本花卉(乔木、灌木、竹类)。

(3) 按栽培类型分类：露地花卉、温室盆栽观叶植物、温室盆花、切花、切叶、干花等。

(4) 按主要用途分类：切花类、盆花类、地栽类。

(5) 其他分类。

①按对水分的要求进行分类：旱生花卉、半旱生花卉、中生花卉、水生花卉、湿生花卉。另外，水生花卉还可分为挺水类、浮水类、漂浮类与沉水类。

②按对温度的要求进行分类：耐寒花卉、喜凉花卉、中温花卉、喜温花卉、耐热花卉。

③按照对光照的要求进行分类。

a. 根据对光照强度的要求分类：阳生花卉(喜光花卉)、中性花卉(耐阴花卉)、阴性花卉(喜阴花卉)。

b. 根据光照时间的长短(光周期)分类：短日照花卉、长日照花卉、中日照花卉。

④按照主要观赏部位进行分类：观花类、观果类、观叶类、观茎类、芳香类。

第4章 花卉的生长发育与环境

4.1 花卉生长发育

（1）生长是植物体积的增大与重量的增加；发育是植物器官和机能的形成趋于完善，表现为有顺序的质变过程。

（2）生长最基本的方式是初期生长慢，中期生长逐渐加快，当生长速度达到顶峰后，逐渐减慢，最后生长停止。这种方式就是一般的S形曲线。

（3）花卉个体发育：多数品种经历种子期（休眠与萌芽）、营养生长期和生殖生长期三大时期（无性繁殖种类可不经种子期），各个时期或周期的变化遵循一定的规律。

（4）花卉在年周期中表现最明显的有两个阶段：生长期和休眠期，其规律性变化也会因花卉品种不同而呈现不同类型和特点，尤其是休眠期。

（5）地上部分与地下部分的相关性表现：摘除花或果，可增加地下部根的生长量；摘除一部分叶，则可减少根的生长量。

4.2 花卉生长发育过程

阶段发育理论可以说明许多二年生花卉的发育现象，但不能说明一年生花卉和木本花卉的发育现象。

花卉个体生长发育过程：种子期—营养生长期—生殖生长期。

（1）种子期：胚胎发育期（有显著的营养物质的合成和积累过程）、种子休眠期、萌芽期。

（2）营养生长期：幼苗期（营养生长的初期，生长迅速，代谢旺盛）、营养生长旺盛期、营养休眠期（小部分是自发的休眠，大部分是被动的）。

（3）生殖生长期：花芽生长期（花芽分化是植物由营养生长过渡到生殖生长的形态标志）、开花期（这个时期对外界环境的抗性较弱）、结果期。

一年生与二年生之间，二年生与多年生之间，有时并不是截然分开的，例如，金盏菊、雏菊等在不同时节播种，会表现出不同的生长发育过程。

4.3 花芽分化

全部花器官分化完成即花芽形成。花芽分化与发育是花卉生长发育中的一个重要环节。花芽分化必须具备组织分化基础、物质基础和一定的环境条件。

1. 花芽分化的生理机制

(1) 碳氮比学说:认为植物体内同化糖类(含碳化合物)的含量与含氮化合物的比例,对花芽分化起决定性作用。碳氮比较高时利于花芽分化,较低时不利于花芽分化。

(2) 成花激素学说:认为花芽的分化以植物体内各种激素达到某种平衡为前提,之后的生长发育才受营养、环境因子的影响,激素也继续起作用。

2. 花芽分化

花芽分化是指叶芽的生理和组织状态向花芽的生理和组织状态转化的过程。花芽分化包括 3 个阶段:生理分化阶段、形态分化阶段及性细胞形成阶段。3 个阶段顺序不可变。

3. 花芽分化类型

夏秋分化型,冬春低温季节分化型,当年一次分化、一次开花型,多次分化型,一年中多次发枝、不定期分化型。

4. 不同器官的相互作用与花芽分化

形成一个花芽所需的时间和全株花芽形成的时间是两个概念,通常所指的花芽分化期是后者,其分化期的特性表现为相对集中性和相对稳定性。

枝叶生长旺盛,特别是花芽分化前营养生长不能停缓下来时,不利于花芽分化,许多花卉"疯长"的结果是花少、花小,原因就在此。

5. 花芽分化的环境因素

(1) 光照:光照周期指一日中的日照长度(即一日中的日照时数)或指一日中明暗交替的时数。光周期现象:植物通过感受光照周期长短控制生理反应的现象。按照成花所需日照时间的长短不同,植物可分为长日照植物、短日照植物、中日照植物。强光利于花芽分化。

(2) 温度(春化作用):许多冬性花卉和多年生木本花卉,冬季低温是必需的,在低温下才能完成花芽分化和开花。按照春化的低温量要求不同,植物可分为冬性植物、春性植物、半冬性植物。

(3) 水分:土壤水分多利于营养生长,不利于花芽分化;反之,利于花芽分化。

(4) 蹲苗:利用适当的土壤干旱促使成花。

6. 调控花芽分化的农业措施

(1) 促进花芽分化:减施氮量、供水量;生长的枝梢摘心及扭梢、弯枝、拉枝等;喷施促进花芽分化的生长调节剂;疏除过量果,修剪时轻剪长放等。

(2) 抑制花芽分化:多施氮量、供水量;喷施抑制花芽分化的生长调节剂;多留果;修剪时适当重剪、短截等。

4.4 环境对花卉生长发育的影响

环境对花卉生长发育的影响因子:温度、光照、水分、空气、土壤与营养元素、病虫害等。这些影响因子相互关联、相互制约。

1. 温度

温度三基点:花卉生长发育所要求的最高温度、最适温度、最低温度。对于温度,应经常考虑最高温度、最低温度和持续的时间;昼夜温差的变化幅度;冬夏温差变化的情况。这些都会促进或抑制花卉的生长发育和生存。根据不同花卉对温度的要求不同,花卉可分为耐寒花卉、喜凉花卉、中温花卉、喜温花卉、耐热花卉。温度影响花芽分化、分化后花芽的发育、花色、花香等。

2. 光照

光照主要表现在光照强度、光照时间、光质三个方面。

(1) 光照强度:根据花卉对光照强度的要求不同,花卉可分为阳性花卉、中性花卉、阴性花卉。

(2) 光照时间:根据花卉对光照时间的要求不同,花卉可分为长日照花卉,即每天的光照时间长于一定时间(一般12 h以上)才有利于花芽的形成;短日照花卉(一般12 h以内)、中日照花卉(对光照时间长短不敏感)。

(3) 光质:短波长光可以促进植物的分蘖,抑制植物生长,促进多发侧枝和芽的分化;长波长光可以促进种子萌发和植物的生长;极短波长光则促进花青素和其他色素的形成。在太阳光的波长范围内,波长为380～770 nm的光是太阳辐射光谱中具有生理活性的波段,占太阳总辐射的52%。

3. 水分

根据花卉对水分的要求不同,花卉分为旱生花卉、半旱生花卉、中生花卉、水生花卉、湿生花卉。

4. 空气

影响花卉生长发育的气体主要是O_2(一般大气中体积分数为21%)和CO_2(一般大气中体积分数为0.03%)。危害花卉的主要有毒气体为SO_2、HF、Cl_2、NH_3、O_3。

5. 土壤

大多数花卉在pH 5.5～7.0的土壤中生长良好。根据花卉对土壤的酸碱度不同,花卉可分为强酸性花卉(pH 4.0～6.0)、酸性花卉(pH 6.0～6.5)、中性花卉(pH 6.5～7.5)、碱性花卉(pH 7.5～8.0)。

6. 营养元素

(1) 有机肥料:多以基肥形式施入土壤中,也可作为追肥,但必须经过充分腐熟才能施用,常用的有人尿、厩肥、鸡鸭粪、草木灰、饼肥和马蹄片等。

(2) 化肥和微量元素:主要用作追肥,兼作基肥或根外施肥,常用的有尿素、硫酸铵、过磷酸钙、硫酸亚铁、磷酸二氢钾、硼酸等。

7. 病虫害

(1) 非侵染性病害(生理病害):由水分、温度、光照、矿物质元素等过多或不足所引发,因未受到病原生物的侵染,所以没有传染性。

(2) 侵染性病害:由病毒、细菌、真菌、线虫、寄生性种子植物等寄生所引发,具有传染性。防治方法有植物检疫、种子苗木消毒和清园消毒、改善通风条件等。

(3) 花卉常见病虫害:猝倒病、白粉病、锈病、软腐病、线虫病。常见花卉害虫有蛴螬、蚜虫、介壳虫类、马陆、蚯蚓等。

第5章 花卉栽培设施及器具

5.1 相关术语

（1）花卉栽培设施：人为建造的适宜或保护不同类型的花卉正常生长发育的各种建筑及设备，主要包括温室、塑料大棚、冷床与温床、荫棚和风障等。

（2）保护地：用人工设施创造的人为环境。保护地栽培是指在由人工保护设施所形成的小气候条件下进行的植物栽培。

（3）温室：覆盖着透光材料，带有防寒、保温设备的建筑。

（4）塑料大棚：覆盖塑料薄膜的建筑。

（5）冷床：不加热，只利用太阳辐射热的台面。

（6）温床：除利用太阳辐射热外，还需人为加热的台面。

（7）南方的主要花卉栽培设施：温室、塑料大棚、荫棚。北方除前述3种外，还有冷床、温床、风障等。

5.2 温室

（1）温室的作用：温室是花卉生产中重要且应用较广的栽培设施，比其他的栽培设施更好、更全面地调节和控制环境因子。

①在适合花卉生态要求的季节，创造出适宜花卉生长发育的环境条件来栽培花卉，做到花卉的反季节生产。

②在不适合花卉生态要求的地区，利用温室创造条件栽培各种花卉，以满足人们的需求。

③可以对花卉进行高密度集中栽培，实行高肥密植，以提高单位面积的产量和质量，节省开支，降低成本。

（2）温室花卉生产发展的趋势：温室的大型化、温室的现代化（温室结构标准化、温室环境调节自动化、栽培操作机械化、栽培管理科学化）、花卉生产工厂化。

（3）温室的类型和结构。

①根据建筑形式可分为：单屋面温室、双屋面温室、不等屋面温室、连栋式温室。

②根据屋面覆盖材料可分为：玻璃面温室、塑料玻璃面温室、塑料温室。

③根据用途可分为：生产性温室、观赏性温室、实验研究温室。

④根据温度可分为：高温温室、中温温室、低温温室、冷室。

（4）引进温室的类型：荷兰温室、日本温室、美国温室、法国温室。

（5）我国温室发展需要解决的问题：建立并完善相关的国家标准，开发与我国国情相适应的温室优化控制软件，进一步加强对温室结构以及相关技术的研究。

（6）温室的设计：温室类型的选择；温室设置地点的选择；温室的平面布局和间距；温室屋面的倾斜度。

（7）温室的附属设备和建筑：室内通路、水池、种植槽、台架、繁殖床、照明设备。

5.3 塑料大棚

塑料大棚的优点：构造简单，耐用，保温，透光，气密性好，成本低廉，适合大面积生产，在生产中广泛应用。

（1）依屋顶的形状分类：拱圆形屋和屋脊型塑料大棚；

（2）耐久性能分类：固定式和简易式移动塑料棚；

（3）覆盖材料分类：聚氯乙烯薄膜、聚乙烯薄膜、醋酸乙烯薄膜。

5.4 荫棚

荫棚根据种类和形式，大致分为临时性荫棚和永久性荫棚。

5.5 冷床与温床

冷床与温床的功能有提前播种、提早花期、促成栽培、保护越冬、小苗锻炼、扦插等。

5.6 栽培容器

栽培容器有素烧泥盆（虽质地粗糙，但排水透气性好，价格低廉）、陶瓷盆（外形美观但透气性差）、木盆或木桶、紫砂盆（外形美观，透气性稍差）、塑料盆、纸盒等。

第6章 花卉的繁殖

6.1 花卉繁殖的分类

花卉繁殖是指通过各种方式产生新的植物后代，繁衍其种族和扩大其群体的过程和方法。依繁殖体来源不同，花卉繁殖分为有性繁殖和无性繁殖。

6.1.1 有性繁殖的特点

(1) 长势旺，性状优；

(2) 成本相对低；

(3) 种子体积小，重量轻，便于储藏和大量繁殖，操作简便易行，繁殖系数大；

(4) 实生苗根系发达，生命力旺盛，对环境的适应能力及抗性强，寿命长；

(5) 木本花卉及多年生草本，开花结果晚；

(6) 后代变异频率高，不一定跟前代的观赏性状完全一样，品种易退化；

(7) 育苗管理要求相对精细；

(8) 不能用于繁殖自花不孕植物及无籽植物，如葡萄、柑橘、香蕉及许多重瓣花卉植物。

6.1.2 种子

(1) 种子是由胚珠发育而成的器官，被子植物的种子包被在厚薄不一的果皮内。在农业生产及习惯上，常把具有单粒种子而又不开裂的干果均称为种子。花卉种子的来源(按照传粉和来源分)：自花传粉花粉(如豆科花卉)、异花传粉花卉(如大丽花)、杂交优势的利用(如矮牵牛)。

(2) 种子检验指标。

①种子纯度以完好种子占供检样品重量的百分率表示。

②千粒重是指1000粒风干种子的重量。

③含水率是种子水分占试样重量的百分率。

④发芽力通常用发芽势和发芽率来量度，发芽势指在规定时间内发芽种子占供试种子的百分率，而发芽率指在足够时间内正常发芽的种子占全部供试种子的百分率。

(3) 种子的寿命：种子群体从收获时起的发芽率降低到原来发芽率的50%的时间定义，又称为种子的半活期。种子100%丧失发芽力的时间可视为种子的生物学寿命。除此之外，更重要的是要认识到，种子的寿命不能用单粒或单粒寿命的平均值来表示。

①种子寿命类型：短寿种子（3 年内），中寿种子（3～15 年，大多花卉属于此）和长寿种子（15 年以上，如大多数豆科种子，莲，美人蕉属等）。

②影响种子寿命的因素：自身衰败或老化、种子的含水量及储藏温度、种子的成熟度、成熟期的矿物质元素、机械损伤与冻害及霉菌等。

（4）种子的休眠：具有生命力的种子处于适宜的发芽条件下仍不正常发芽。休眠分为初生休眠（外源休眠和内源休眠）和次生休眠。

外源休眠和内源休眠的解除。

①外源休眠的解除：物理方法（破坏种皮，加热等）、化学方法（硫酸、酒精、酶类等）。

②内源休眠的解除：层积处理、去皮、光处理、激素处理、干储后熟、化学药品处理、淋洗等。

（5）花卉种子的储藏方法：不控温、控湿的室内储藏（方法简便易行，最经济），干燥密封储藏（能长期保持种子低含水量），干燥储藏（湿度和温度低）。

（6）有性繁殖的方法与技术。

①种子萌发的基本条件：基质、温度、水分、光、病虫害等。

②播种期与播种技术。

③播种育苗方式：移栽育苗（室内育苗、露地育苗）、直播栽培。

④幼苗的管理与移栽。

6.2 无性繁殖

无性繁殖有时又称营养繁殖，是由体细胞经过有丝分裂且不经过生殖细胞结合的受精过程，由母体的一部分直接产生子代的繁殖方法。

1. 无性繁殖的特点

与有性繁殖相比，具有快速而经济，杂交体能保持原有性状等优势，但同时存在后代根系浅等问题。

2. 无性繁殖的类型

无性繁殖的类型有扦插繁殖、嫁接繁殖、分生繁殖、组织培养繁殖、压条繁殖和孢子繁殖（繁殖材料的性质而言）。

（1）扦插繁殖：取植物营养器官的一部分，利用其再生能力，使之出根和芽，发育成新个体。扦插所用的营养体称为插条（穗）。

①优点：简便、快速、经济、繁殖系数大。

②类型：茎插（硬枝扦插、半硬枝扦插、软枝扦插）、叶芽插、叶插和根插。

③影响插条生根因素：内在因素（植物种类、母体状况与采条部位）、扦插环境条件（基质、水分与湿度、温度、光照度）。

（2）嫁接繁殖：把两株植物结合起来使之成为一个新植株的繁殖方法。嫁接下部称为砧木，上部称为接穗。如月季花、杜鹃、白兰等常用此法繁殖。

①优点：常用于其他无性繁殖方法难以成功的植物，木本、草本花卉的造型等。

②类型：根接、枝接、芽接、高接、靠接等。

③影响嫁接成功因素：植物内在因素（砧木与接穗间的亲缘关系、嫁接的亲和性、砧木与接

穗的生长发育情况)、环境因素(温度、湿度、氧气)。

(3) 分生繁殖:利用植株基部或根上产生萌枝的特性,人为地将植株营养器官的一部分与母株分离或切割,另行栽植和培养而形成独立生活新植株的繁殖方法。

①优点:新植株能保持母本的遗传性状,方法简便,易于成活,成苗较快。

②类型:分株繁殖(分短匍匐茎、分根蘖、分球芽等)、分球繁殖(鳞茎、球茎、块茎、根茎、块根)。

(4) 组织培养繁殖:在人工培养基中,将离体组织细胞培养成完整植株的繁殖方法。组织培养的材料是植株离体材料,称为外植体。种子、孢子、营养器官均可用组织培养法培养成苗。花烛等观叶植物多用此法繁殖。

(5) 压条繁殖:枝条在母体上生根后,再和母体分离成独立新植株的繁殖方式。如令箭荷花属、悬钩子属等一些植物,枝条弯垂并先端与土壤接触能生根多用此法繁殖。

(6) 孢子繁殖:在孢子囊中经过减数分裂形成的特殊细胞,含单倍数染色体。其特点是形成孢子体能直接长成新个体,如花卉中蕨类的繁殖属于此法。

第7章 花卉的栽培管理

7.1 花卉的露地栽培

露地栽培是指完全在自然气候条件下，不加任何保护的栽培形式。其特点是投入少、设备简单、生产程序简便等。

7.1.1 土壤

土壤是花卉生活的基质之一。由土壤矿物质、空气、水分、微生物、有机质等组成，与土壤酸碱度和土壤温度等共同构成土壤生态系统。

(1) 土壤结构：影响土壤热、水、气、肥的状况，在很大程度上反映了土壤肥力水平，团粒结构最适宜植物生长。

(2) 土壤与花卉的生长：土壤的结构、土壤的通气性与土壤水分、土壤酸碱性、土壤盐浓度、土壤温度等影响花卉的生长。

7.1.2 水分

(1) 花卉的需水特点，花卉的需水量与原产地的降雨量及其分布状况有关。一般宿根花卉比一、二年生花卉需水量少。

(2) 花卉在不同的生长期对水的需求量不同。种子发芽时需水量大，幼苗期减少，生长期要保证充足水分，开花结果期控制水量。春秋季干旱期应多灌水，晴天风大时比阴天无风时多灌水。

(3) 当土壤理化性质能满足观赏植物生长发育对水、肥、通气及温度的要求时，才能获得最佳质量的花卉。增加土壤中的有机质，有利于土壤通气与持水力。

(4) 灌溉方式分为漫灌、沟灌、畦灌、浸灌、喷灌、滴灌。灌水期夏季应在清晨和傍晚，冬季在中午前后，春秋季在清早灌水。灌溉以软水为主，避免使用硬水。

(5) 通过人为设施避免植物生长积水的方法称为排水。在花卉的生产实践中，应该根据每种花卉的需水量，采取适宜的灌溉与排水措施。

7.1.3 施肥

(1) 构成植物营养素的元素包括氮、磷、钾、钙、镁、铁等，微量元素有硼、锰、铜、锌、钼、氯等。不同类别花卉对肥料的需求不同。

(2) 一、二年生花卉和宿根花卉对氮、钾肥要求较高;球根花卉对磷、钾肥较敏感,前期追肥以氮肥为主;观叶植物在生长期以施氮肥为主。

(3) 植物施肥的两个关键期是养分临界期和最大效率期。

(4) 植物施肥有土壤施肥和根外追肥两种方式。

7.1.4　露地花卉防寒与降温

防寒越冬常用的方法有覆盖、灌水、培土、浅耕、包扎;降温越夏常采用人工措施,如叶面及畦间喷水、搭设遮阳网或草帘覆盖等。

7.1.5　杂草的防除

有选择性地使用植物除草剂。植物除草剂大致分为灭生性除草剂、选择性除草剂、内吸性除草剂、触杀性除草剂四类。

7.2　花卉的容器栽培

将栽植于各类容器中的花卉统称盆栽花卉,即花卉的容器栽培。

7.2.1　花盆及盆土

(1) 花盆:通用的花盆为瓦钵,通透性好,利于花卉的生长,价格便宜。塑料盆具有色彩丰富、轻便、不易破碎和保水能力强等特点。

(2) 盆土。

①盆土必须具有良好的物理性能,如透气性。盆土通常由园土、沙、腐叶土、泥炭、松针土、谷糠及蛭石、珍珠岩、腐熟的木屑等材料按一定比例配制而成。

②培养土消毒法分为物理消毒法(蒸汽消毒、日光消毒、直接加热消毒)和化学药剂法(高锰酸钾溶液等)。

7.2.2　上盆与换盆

(1) 将幼苗移植于花盆中的过程称为上盆。随着植物的生长需更换大的花盆,称为换盆。

(2) 换盆的注意事项。

①应按植株发育的大小逐渐换到较大的盆中。

②根据植物种类确定换盆的时间和次数。

③换盆后应立即适量灌水。

7.2.3　灌水与施肥

(1) 灌水。

①灌水方法:浸盆法、喷水法、喷雾法。

②灌水注意事项。

a. 根据花卉种类及不同的生育阶段，确定浇水次数、浇水时间和浇水量；

b. 不同栽培容器和培养土对水分的要求不同，灌水期；

c. 盆栽花卉对水质的要求(灌水最好是天然降水，其次是江、河、湖水)。

③花卉灌水经验。

a. 气温高、风大多灌水，阴天、天气凉爽少灌水；

b. 生长期多灌水，开花期少灌水，防止花朵过早凋谢；

c. 冬季少灌水，避免把花冻死或浸死。

(2) 施肥。

①施肥分基肥和追肥，基肥施入量不超过盆土总量的 20%，追肥以薄肥勤施为原则。

②盆栽施肥应注意以下几点。

a. 应根据不同种类、观赏目的、不同的生长发育期灵活掌握；

b. 肥料应多种配合施用，有机肥应充分腐熟；

c. 肥料浓度不宜太大，少量多次；

d. 无机肥料的酸碱度和 EC 值要适合花卉的要求。

控释肥是近年来发展起来的一种新型肥料，指通过各种机制措施，预先设定肥料在植物生长季节的释放模式。

7.2.4　整形与修剪

整形与修剪包括整枝(自然式和人工式)、绑扎与支架、剪枝(疏剪和短截)、摘心(可促使激素产生，有利于花芽分化，还可以调节花期)与抹芽(将多余的芽全部除去)。

7.2.5　盆栽花卉环境条件的调控

花卉的温度调控包括升温和降温，常用的升温措施有管道升温、利用采暖设备、太阳能升温等；常用的降温措施有遮阴、通风、喷水等。

7.3　切花设施栽培

7.3.1　土壤准备

(1) 土壤消毒。

(2) 选地与整地。

7.3.2　起苗与定植

土壤湿度达到用手捏可散，再用手捏能成团时，第二天即可起苗。

深翻 20～30 cm，挖好定植穴。一般穴的大小为 50 cm×50 cm×50 cm，苗置于穴中，先填入湿润表土，将苗轻提，使根系充分舒展，再填入心土，分层踏实，确保成活，最后再浇一次透水。

7.3.3 灌溉与施肥

(1) 灌溉:根据不同切花植物的特性灌水;根据不同生育期灌水;根据不同季节、土质灌水。灌水时间:夏季早晚灌水,灌水时注意地温。水质要求:根据植物的需水要求而定。

(2) 施肥:增施有机肥;种植绿肥;合理施用化肥;根外追肥。

7.3.4 中耕除草

植物生长过程中,主要完成除草、松土或对苗株根部进行培土的作业过程。消灭杂草、减少养分消耗;防止病虫的滋生和蔓延;疏松土壤,流通空气,加强保墒;早春时节还可提高地温等。

7.3.5 整形修剪与设架拉网

摘心、摘芽、剥蕾、修枝、剥叶、支缚等。

7.4 花卉的无土栽培

利用其他物质代替土壤为根系提供环境来栽培花卉的方法,即花卉的无土栽培。沙砾可以说是最早的栽培基质。

7.4.1 无土栽培的特点

(1) 优点。

①使花卉得到足够的水分、无机营养素和空气,有利于栽培技术的现代化;

②扩大了花卉的种植范围;

③能加速植物生长,提高产量和品质;

④节省肥水;

⑤无杂草,无病虫,清洁卫生;

⑥节省劳动力,减轻劳动强度。

(2) 缺点:一次性投资较大;风险性更大;对环境条件和营养液的配制都有严格的要求。

7.4.2 无土栽培方式

(1) 类型:分为水培和基质栽培两种方式。

(2) 水培方式:营养液膜技术、深液流技术、动态浮根法、浮板毛管水培法、基质水培法、雾培技术等。

(3) 基质栽培有两种方式:基质-营养液系统和基质-固态肥系统。

7.4.3　无土栽培的基质

（1）基质选用的标准。

①有良好的物理性状，结构和通气性要好；

②有较强的吸水和保水能力；

③价格低廉，调制简单；

④无杂质，无病、虫、菌，无异味和臭味；

⑤有良好的化学性状，具有较好的缓冲能力和适宜的 EC 值。

（2）常用的基质：沙、石砾、蛭石、岩棉、珍珠岩、泡沫塑料颗粒、泥炭、树皮、锯末与木屑。

（3）基质的作用：支持固定植物、保持水分、通气。

（4）常用的基质消毒方法：化学药剂（福尔马林和溴甲烷）、蒸汽和太阳能消毒。

7.4.4　营养液的配制原则

（1）应含有花卉所需要的大量元素，氮、磷、钾、钙、镁、铁等和微量元素锰、硼、锌、铜、钼等；

（2）肥料在水中有良好的溶解性，并易被植物吸收利用；

（3）水源清洁，不含杂质，总原则是避免难溶性沉淀物的产生。

7.5　花卉的花期调控

7.5.1　花期控制

花期控制即采用人为措施，使观赏植物提前或延后开花的技术，又称催延花期。使花期比自然花期提前的栽培方式称为促成栽培，使花期比自然花期延后的方式称为抑制栽培。

7.5.2　确定开花调节技术的依据

确定开花调节技术的依据：植物生长发育特性；环境因子的作用；设施设备的性能；自然环境条件；开花调节计划；适宜品种；常规管理等。

7.5.3　开花调节的技术途径

（1）一般的园艺措施：调节种植期，修剪、摘心、除芽，肥水管理、调节开花。

（2）温度处理：通过温度的作用调节休眠期、成花诱导与花芽形成期、花茎伸长期等主要进程而实现对花期的控制。

（3）光照对开花调节：光周期通过对成花诱导、花芽分化、休眠等过程的调控，起到质的作用，光照强度则通过调节植株生长发育影响花期，起到量的作用。

（4）植物生长调节剂。

①通过促进诱导成花、打破休眠促进开花、代替低温促进开花或代替高温延迟开花来调节花期。

②植物生长调节剂应用的特点。

a. 相同药剂对不同植物种类品种的效应不同；

b. 不同生长调节剂使用方法不同；

c. 环境条件影响药剂使用效果；

d. 生长调节剂的组合使用。

第8章 花卉生产的经营管理

8.1 花卉生产的特点

(1) 花卉生产的地区性;
(2) 专业性与技术性;
(3) 应时性;
(4) 必须周年稳定地供应市场;
(5) 受国民经济发展总体水平的制约。

8.2 我国花卉生产经营管理现状

(1) 专业化程度不够;
(2) 技术水平不高;
(3) 生产缺乏统一规划;
(4) 生产经营管理的发展。

8.3 花卉生产区划的原则

(1) 适地适花,在保证产品质量前提下降低生产成本,当地气候及土壤条件能满足花卉生长的需要;
(2) 在生态条件相似的前提下坚持就近原则;
(3) 花卉生产地区必须有便利的交通和通信条件;
(4) 要有充分的水源、能源供应;
(5) 花卉生产应安排在人才或科技力量相对集中的地区,以便提高栽培及经营管理水平。

第9章 花卉的分类

9.1 一、二年生花卉(花坛花境景观营造的主角)

9.1.1 一、二年生花卉的比较

(1) 定义。

①一年生花卉:生活周期即经营养生长至开花结果最终死亡在一个生长季节内完成的花卉,一般春季播种,夏季开花结果,入冬前死亡。

②二年生花卉:生活周期经两年或两个生长季节才能完成的花卉,即播种后第一年仅形成营养器官,次年开花结果而后死亡。二年生花卉耐寒,但不耐高温。

(2) 相同点:幼年期与生命期短。

(3) 不同点如下(表9-1)。

表9-1 一、二年生花卉的区别

指　　标	一年生花卉	二年生花卉
生命周期	当年	跨2年
耐寒性	差	强
光周期	短日照	长日照
春化要求	低或中性	高

9.1.2 一、二年生花卉繁殖与栽培管理要点

一、二年生花卉繁殖与栽培管理要点有留种与采种,种子的干燥与储藏,苗期管理,摘心与抹芽,支柱与绑扎,剪除残花与花茎等。

9.1.3 生产管理特点

生产管理特点如下:生产中以种子繁殖为主流;草花育苗是生产的重要环节;栽培管理精细;控花技术简单。

9.1.4 观赏与应用特点

(1) 种类繁多、季相丰富,以观花为主,花色艳丽、色彩多样,花期较短。

（2）花坛主体花材，部分用于花境、岩石园；部分用作盆栽，切花装饰。

9.1.5 代表花卉

（1）一串红：唇形科鼠尾草属，原产于南美巴西，茎四棱，顶生总状花序，萼钟状，二唇，宿存，花冠唇形。用于花坛、花丛。

（2）矮牵牛：茄科矮牵牛属，全株生腺毛，叶卵形，全缘，花单生于叶腋，花冠漏斗状。花期长，开花繁茂，用于花坛、花境。

（3）三色堇：堇菜科堇菜属，花大腋生，两侧对称，花瓣5枚，一瓣有距，每花有黄白紫三色或单色。用于模纹花坛、花境。

（4）万寿菊：菊科万寿菊属，叶羽状全裂，有刺鼻辛味，头状花序，舌状花具长爪，管状花多数变为舌状花。用于花坛和边缘丛植。

（5）凤仙花：凤仙花科凤仙花属，原产于中国、印度。茎直立，节部膨大，叶缘有刺，花腋生，心形。用于花坛、盆花栽培。

（6）鸡冠花：苋科青葙属，原产于非洲。叶片卵形，穗状花序，胞果。性喜阳光，不耐寒冷。用于花坛和花境。

（7）美女樱：马鞭草科美女樱属，原产于中南美洲，茎叶被小茸毛，叶对生，节间长，花顶生。用于花坛、林缘和盆栽观赏。

（8）彩叶草：唇形科鞘蕊花属，原产于印度尼西亚，茎四棱，叶对生，棱状卵形，边缘有粗锯齿。用于花坛、盆栽和切花。

（9）波斯菊：菊科秋英属，叶对生，二回羽状全裂，头状花序顶生或腋生。用于花坛、花境和路缘种植，也可做切花。

（10）石竹：石竹科石竹属，茎直立，节部膨大，单叶对生，线状披针形，聚伞花序，具芳香。宜用于花坛、花境和切花。

（11）半枝莲：唇形科黄芩属，茎匍匐状或斜生状，叶尖形肉质圆棍状，花色丰富多彩。喜肥沃的沙质壤土，耐瘠薄，怕渍水，不耐寒。喜充足的阳光，过阴不易开花，花朵有见阳光才绽放的习性，所以又称太阳花、午时花。宜用于花坛、花境等。

（12）蒲包花：荷包花科荷包花属，全株茎、枝、叶上有细小茸毛，叶片卵形对生。花形别致，花冠二唇状，上唇瓣直立较小，下唇瓣膨大似蒲包状，中间形成空室，柱头着生于两个囊状物之间。花色变化丰富。花期正值春节前后，是冬、春季重要的盆花。

（13）四季秋海棠：秋海棠科秋海棠属，茎直立稍肉质，单叶互生，卵圆至广卵圆形，聚伞花序腋生，花红色，蒴果具翅。布置花坛，花境，组合盆栽，岩石园等。

（14）紫罗兰：十字花科紫罗兰属，全株密被灰白色具柄的分枝柔毛，茎直立，多分枝，基部稍木质化，叶片长圆形至倒披针形或匙形。布置花坛，用于切花，盆栽等。

9.1.6 易混淆的花卉

（1）万寿菊与孔雀草。

①腺点：两者叶片背面都布有腺点，但万寿菊腺点较为整齐，叶羽状分裂，齿端常有长细芒，齿的基部通常有1个腺体。

②头状花序梗顶端粗细不同:孔雀草的花序梗先端稍增粗;万寿菊的花序梗顶端棍棒状膨大。

③花期:孔雀草的花期一般为 7—9 月;万寿菊的花期为 6—10 月。

④舌状花花色不同:孔雀草的舌状花黄色或橙黄色,或带红色斑;万寿菊的舌状花黄色或橙黄色,无红色斑块。

(2) 矮牵牛与牵牛花。

①科属:矮牵牛是茄科矮牵牛属的一年生或多年生草本植物,常做一、二年生栽培;牵牛花则是旋花科牵牛属的一年生缠绕性藤花。

②花色:牵牛花常见的花色有白色、红色、粉红色、蓝色、紫色等,牵牛花常常会变色,原本紫色的花朵有时会变成蓝色或红色;矮牵牛的花色有红色、纯白色、肉色以及带条纹,一般不会变色。

③外形:牵牛花的茎上被有倒向生长的短柔毛,叶形为宽卵形或近圆形,叶面布有微硬的柔毛,花腋生,花冠呈漏斗状,蒴果近似球形;矮牵牛的叶椭圆形或卵圆形,花较大,喇叭状,花期长达数月,花形多,有单瓣、重瓣,瓣缘呈不规则锯齿等,种子很小很轻。

(3) 金盏菊和百日草。

①科属:金盏菊属于菊科金盏菊属;百日草属于菊科百日草属,一年生。

②叶:金盏菊叶互生,长圆形;百日草叶抱茎对生,心状卵圆形。

③花色:金盏菊有黄色、橙色、橙红色、白色;百日草有白色、黄色、粉色、红色、紫色等。

④花期:金盏菊的花期为 4—6 月;百日草的花期为 7—10 月。

9.2 宿根花卉

9.2.1 宿根花卉的概念

宿根花卉指地下部器官形态未变态成球状或块状的多年生草本观赏植物。宿根花卉根据耐寒力不同,可分为耐寒性宿根花卉和不耐寒性宿根花卉。

9.2.2 宿根花卉特点

(1) 具有能存活多年的地下部分。

(2) 休眠及开花特性:温带宿根花卉具有休眠特性,休眠芽或莲座枝需冬季解除休眠。

(3) 无性繁殖为主。

(4) 多年开花不断。

(5) 栽培管理:种植时预留空间,以更新生长势衰弱的花卉。

(6) 野趣浓厚,配置休闲式自然庭院的好材料。

9.2.3 代表花卉

(1) 菊花:菊科菊属,宿根草本,须根发达。茎易生分枝,基部半木质化。单叶互生,有叶柄,叶为卵圆形至披针形,边缘具粗大锯齿或深裂。头状花序单生或数朵聚生于茎顶。花期一般在秋季。种子(瘦果)细小、褐色。用于花坛、花境、切花或盆花。

(2) 香石竹,又称康乃馨:石竹科石竹属,国际四大切花之一,多年生常绿草本,整株被有白粉,茎光滑、直立、多分枝,茎基部半木质化,茎节膨大。叶厚,对生,线状披针形,基部抱茎。花单生或2～3朵簇生于枝端,花苞紧贴萼筒,花萼5裂,长筒状。用作切花,盆花。

(3) 芍药:芍药科芍药属,宿根草本,具肉质根茎丛生,二至三回羽状复叶,小叶通常三深裂;花一至数朵生于茎的顶部或叶腋;花色丰富,花期4—5月。可用于布置花坛、花台、花境、专类花园(与山石搭配),盆栽观赏或做切花。

(4) 鸢尾:鸢尾科鸢尾属,叶剑形,相互套叠,排成2列,花较大,子房下位。喜阳光,性强健,耐寒性较强。用于花坛和花境。

(5) 秋海棠:秋海棠科秋海棠属,原产于巴西。叶卵形,基部偏斜,蒴果。采用播种繁殖,用于花坛、盆栽。

(6) 君子兰:石蒜科君子兰属,多年生草本。具肉质根。茎基部宿存的叶基呈鳞茎状。叶多数,带状,排成2列。花茎实心,扁平,肉质;伞形花序有花数朵至多朵;佛焰苞状总苞膜质,总苞片覆瓦状排列;花被漏斗状;浆果红色;种子大,球形。用作盆花,切花。

(7) 非洲菊:菊科非洲菊属,多年生,根状茎短,具较粗的须根;叶基生,莲座状,叶片长椭圆形至长圆形;花葶单生,无苞叶;头状花序单生于花葶之顶;瘦果圆柱形;花期11月至翌年4月。可用于切花、盆栽及庭院装饰。

(8) 花烛:天南星科花烛属,原产于南美。叶基生,佛焰苞阔卵形,鲜红色,圆柱形。用于盆栽装饰庭院、厅堂和切花。

(9) 鹤望兰:旅人蕉科鹤望兰属,原产于南非。根肉质,茎极短,叶柄细长。花茎由叶腋伸出,与叶近等长。用于布置花坛、院落。

(10) 天蓝绣球:原产于北美。全株具腺毛,聚伞花序顶生,花冠高脚碟状。性喜凉,能耐寒。用于点缀花坛或庭院。

(11) 天竺葵:牻牛儿苗科天竺葵属,原产于非洲。茎有节,叶互生,两面被透明短柔毛。用于布置花坛、办公室和会场。

(12) 天门冬:百合科天门冬属,原产于南非。半蔓性,丛生状,叶退化成细鳞片状或刺状。用于布置花坛边缘和会场。

(13) 五星花:茜草科五星花属,原产于非洲。亚灌木,叶对生,具叶间托叶,聚伞花序,密集,顶生,花无梗。用于布置花坛和花境。

9.2.4　菊花相关知识

菊花是我国十大传统名花之一。与菊花相关知识如下。花中隐士;花中四君子:梅、兰、竹、菊;花草四雅:兰、菊、水仙、菖蒲;我国四季名花:兰花、荷花、菊花、梅花。

9.2.5　菊花品种分类

(1) 按自然花期分类:春菊(4月下旬～5月下旬)、夏菊(6月上旬～8月中下旬)、秋菊(9月上旬～11月下旬,又分为早中晚)、寒菊(12月上旬～1月)。

(2) 按栽培应用:盆栽菊、造型艺菊、切花菊、花坛菊。

(3) 按形态分类。

①花径：小菊（<6 cm）、中菊（6～10 cm）、大菊（11～20 cm）、特大菊（>20 cm）。

②瓣型花型：平瓣、匙瓣、管瓣、桂瓣、畸瓣。

9.2.6 菊花莲座化

（1）产生原因：菊花开花后，茎基部发生萌蘖，晚秋或初冬发生的萌蘖节间不能伸长而呈莲座状；乙烯诱导。

（2）防止措施：低温处理菊花茎顶和侧芽一段时间；夏季保持温度 20～28 ℃，冬季保持夜温 10 ℃；插穗或生根苗冷藏等。

9.2.7 菊花繁殖技术

菊花繁殖技术有扦插、分株、嫁接、组培、播种。

9.2.8 盆栽菊栽培

一段根法（利用扦插苗，上盆一次填土，整枝后形成具有一层根系的菊株）、二段根法（利用扦插苗上盆，第一次填土 1/3～1/2，经整枝后形成侧枝，当侧枝伸长时，分 1～2 次将侧枝盘于盆内，同时覆土促根）、三段根法（3 次填土，3 次发根：冬存、春种、夏定、秋养）。

9.2.9 切花菊栽培技术

切花菊栽培技术有定植、摘心、营养生长与成花诱导、疏蕾、防止柳芽产生、夏菊促成栽培。

9.2.10 香石竹的切花生产技术（多采用扦插繁殖）

香石竹的切花生产技术有插穗（生产切花植株中下部的营养枝、专门培养的采穗母株）、扦插技术（基质、插床要消毒）、移栽（促进发根与分枝）。

9.2.11 芍药

芍药通常以分株繁殖为主，“春分分芍药，到老不开花”，芍药分株在秋季茎叶将枯萎时进行，一般在 9 月下旬至 10 月上旬。

9.2.12 易混淆的花卉——芍药与牡丹

（1）芍药叶狭长质薄，两侧均浓绿色；牡丹叶钝质厚，正面绿色，背面有白粉。

（2）芍药花单生于枝顶或叶腋；牡丹花单生于枝顶。

（3）芍药 5 月上旬开花；牡丹 4 月中下旬开花。

（4）芍药草本，茎革质；牡丹木本，茎木质。

9.3 球根花卉

9.3.1 球根花卉的概念

球根花卉指地下根或茎形态发生变异，膨大成球状或块状的多年生花卉。

9.3.2 球根花卉的分类

(1) 根据球根的形态和变态部位可分为以下几类。

①鳞茎类：有皮鳞茎(如水仙、郁金香)，无皮鳞茎(如百合、贝母)。

②球茎类：如唐菖蒲、小苍兰。

③块茎类：如仙客来、花叶芋。

④根茎类：如美人蕉、姜花。

⑤块根类：如大丽花、花毛茛。

(2) 根据栽培习性可分为以下两类。

①春植球根：春季栽植，夏秋季开花，冬季休眠，如唐菖蒲、美人蕉、大丽花。

②秋植球根：秋冬季种植，翌年春季开花，夏季休眠，如水仙、郁金香、风信子。

9.3.3 百合的繁殖

百合的繁殖以自然分球繁殖最为常用，也可用分珠芽、鳞片扦插、播种、组培繁殖。

9.3.4 百合促成栽培(10 月至翌年 4 月开花)

(1) 种球冷藏：13～15 ℃处理 6 周，8 ℃处理 4～5 周。

(2) 定植期：如国庆节开花需 7 月中旬至 8 月中旬定植，11 月至元旦开花需 8 月下旬至 9 月上旬定植。

(3) 温光调节：10 月下旬后需保温至 15 ℃以上，昼温 20～25 ℃，夜温 10～15 ℃；花蕾 0.5～1 cm 开始加光，直到切花采收。

9.3.5 部分代表花卉

(1) 百合：百合科百合属。花期长(4—6 月)，花姿独特，花色艳丽，在园林中宜片植疏林草地或布置花境。商业栽培常作为切花，也可以作为盆栽佳品。

(2) 郁金香：百合科郁金香属，花期早(3—5 月)，花色多，可作为切花盆栽，在园林中宜作为春季花境。

(3) 风信子：天门冬风信子属，花期 3—4 月，其蓝紫色品种更引人注目，适合花坛、花境布置及作为园林饰边材料。

(4) 唐菖蒲：鸢尾科唐菖蒲属，为世界著名的四大切花之一，花色繁多，广泛应用于花篮花束和艺术插花，也用于庭院丛植。

(5) 水仙：石蒜科水仙属，既适宜室内案头窗台点缀，又宜在园林中布置花坛花境，也宜在疏林下草坪中成片种植。

(6) 晚香玉：石蒜科晚香玉属，花色纯白香气馥郁，入夜尤盛，较适合布置花园，供游人夜晚欣赏，也是重要的切花材料。

(7) 大丽花：菊科大丽花属，花大色艳，花型丰富，品种繁多，花坛花境或庭前丛植皆宜，也是重要的盆栽花卉，还可用作切花。

(8) 仙客来：报春花科仙客来属，花期长达4～5个月，为冬春季重要的观赏花卉，主要用作盆花、室内点缀装饰，也用作切花。

(9) 马蹄莲：天南星科马蹄莲属，花色独特，洁白如玉，花叶同赏，是花束捧花和艺术插花的极好材料。

9.3.6 易混淆花卉

(1) 君子兰和朱顶红。

①科属：君子兰属于石蒜科君子兰属；朱顶红属于石蒜科朱顶红属。

②叶：君子兰叶片为深绿色，而朱顶红较浅；君子兰的叶片有网格状的脉络，而朱顶红的叶脉为平行状。

③茎：君子兰为元宝座、楔座等，而朱顶红为圆形球茎。

④花：君子兰花朵小而多，小花直立开放或稍倾斜开放，而朱顶红多为平行或下垂开放，花朵较大。

(2) 蜘蛛兰与朱顶红。

①科属：蜘蛛兰属于石蒜科水鬼蕉属，朱顶红属于石蒜科朱顶红属；

②叶：蜘蛛兰叶剑形，端锐尖，多直立，鲜绿色；朱顶红叶从鳞茎抽生，叶片呈带状，两列状着生，扁平淡绿。

③花茎：蜘蛛兰花葶扁平；朱顶红花茎从鳞茎抽出，绿色粗壮、中空。

④花：蜘蛛兰花白色，呈伞状着生，有芳香，花筒部带绿色，花被片线状，副冠钟形或阔漏斗形，具齿牙缘；朱顶红伞形花序着生于花茎顶端，喇叭形，有红色、红色带白条纹、白色带红条纹等。

9.4 室内观叶植物

9.4.1 室内观叶植物的概念

室内观叶植物指在室内条件下，经过精心养护能长时间或较长时间正常生长发育，用于室内装饰与造景的植物。室内观叶植物以阴生观叶植物为主，也包括部分既观叶，又观花、观果或观茎的植物。

9.4.2　室内观叶植物的分类

(1) 根据室内观叶植物对室内光照耐受程度不同,其可分为以下几类。

①极耐阴:蕨类、蜘蛛抱蛋、白网纹草等;

②耐半阴:竹芋类、凤梨类、绿萝等;

③中性:彩叶草、花叶芋、鱼尾葵等;

④阳性:变叶木、虎刺梅、沙漠玫瑰等。

(2) 根据室内观叶植物对低温的耐受程度不同,其可分为以下几类。

①耐寒:吊兰、常春藤、朱砂根等;

②半耐寒:棕竹、冷水花、文竹等;

③不耐寒:凤梨类、竹芋类、彩叶草等。

9.4.3　室内观叶植物的繁殖

大部分室内观叶植物采用无性繁殖(扦插、压条、分株等),棕榈科植物只能采用播种繁殖。有些室内观叶植物可用扦插和播种繁殖,播种繁殖的实生苗根颈处特别膨大,具有特殊观赏价值(马拉瓜栗、榕树、沙漠玫瑰等)。

9.4.4　部分代表花卉

(1) 铁线蕨:铁线蕨科铁线蕨属,株形美观,叶色碧绿,是室内盆栽观赏的优良材料,枝叶可制作插花和干燥花。

(2) 鸟巢蕨:常用作盆栽,置于阴湿场所,在温暖地区可在庭院中阴处种植,或植于古树上进行装饰,亦是很好的插花配叶。

(3) 艳凤梨:凤梨科凤梨属,叶果俱美,是很好的室内观叶观果植物,果还可食用。

(4) 花叶竹芋:竹芋科竹芋属,叶片美丽,有斑,叶形优美,叶色多变,植株小巧玲珑,是一种很雅致的室内观赏植物。

(5) 红背肖竹芋:竹芋科叠苞竹芋属,叶色秀丽,是优良的室内观赏植物,可用于室内布置,亦可作切叶观赏。

(6) 花烛:天南星科花烛属,叶色翠绿,形态优美,花大而奇特,是著名的热带切花和观叶植物。盆栽可用于室内布置。

(7) 花叶万年青:天南星科花叶万年青属,品种繁多,叶色优美,耐阴性强,宜作为盆栽装饰室内。

(8) 朱蕉:龙舌兰科朱蕉属,叶色富于变化,叶形多变,且适应强,是优良的观叶植物和庭院绿化植物,盆栽可作室内观赏。

(9) 吊兰:百合科吊兰属,植株小巧叶质青翠,是布置阳台或悬挂室内的良好植物,温暖地区可作地被。

(10) 文竹:天门冬科科天门冬属,枝叶青翠,叶状枝平展如云片重叠,甚为雅丽,宜作为盆栽陈置书房客厅或与切花配作切叶。

(11) 袖珍椰子:棕榈科竹节椰属,植株矮小,树形清秀,叶色浓绿,耐阴性强,适宜做室内盆栽观赏,叶片可作为插花素材。

(12) 散尾葵:棕榈科金果椰属,株形优美,枝叶茂密,叶色翠绿,四季常青且耐阴性强,是著名的室内观赏植物。

(13) 马拉巴栗:锦葵科瓜栗属,叶形优美,叶色翠绿,是重要的观赏树种,盆栽可作家居、宾馆、办公楼的室内绿化美化布置。

(14) 大花小苍兰:鸢尾科香雪兰属,花色艳丽,芳香独特,花期正值冬春季,为室内观赏的优良盆花,也是重要的冬春季鲜切花。

(15) 果子蔓:凤梨科星花凤梨属,花叶俱美,花期持久,为优良的观花和观叶植物,可用于室内装饰和组合盆栽,还可作切花。

(16) 富贵竹:天门冬科科龙血树属,茎秆可塑性强,可以根据人们的需要单枝弯曲造型,也可切段组合造型。

9.4.5 易混淆的花卉

(1) 广东万年青与花烛。

①科属:广东万年青属于天南星科广东万年青属;花烛属于天南星科花烛属。

②茎:广东万年青根茎粗短,节处有须根;花烛茎节短。

③叶:广东万年青叶基部丛生,宽倒披针形,质硬而有光泽;花烛叶自基部生出,绿色,革质,全缘,长圆状心形或卵心形,叶柄细长。

④花:广东万年青 4—5 月开花,穗状花序顶生,花小而密集,花色白而带绿,浆果球形,由绿转红,经冬不落;花烛佛焰苞平出,革质并有蜡质光泽,橙红色或猩红色;肉穗花序黄色,可常年开花不断。

(2) 袖珍椰子与散尾葵。

①科属:袖珍椰子属于棕榈科竹节椰属常绿小灌木;散尾葵属于棕榈科金果椰属丛生常绿灌木或小乔木。

②外形:袖珍椰子属于常绿的小灌木,盆栽的高度一般不超过 1 m,茎干直立,深绿色,上面有不规则的花纹,没有分枝;散尾葵为丛生的灌木,相比袖珍椰子更高大些,高 2～5 m,茎干粗壮,基部稍微膨大。

③叶片:袖珍椰子的叶子为羽状全裂,裂片形状为披针形,深绿色,有光泽,长 14～22 cm,宽 2～3 cm,嫩叶为绿色,老叶颜色较深,为墨绿色,散尾葵的叶片也是羽状全裂,相比袖珍椰子更宽大,长 35～50 cm,宽 1.2～2 cm,颜色为黄绿色。

④花:袖珍椰子为肉穗花序,花朵颜色为黄色,呈小球状;散尾葵为圆锥花序,生于叶鞘下,颜色为金黄色,卵球形。

9.5 多浆植物

9.5.1 概念

多浆植物(或多肉植物)指茎、叶特别粗大或肥厚,含水量高,并在干旱环境中有长期生存能力的植物,多具有发达的薄壁细胞,以储藏水分,泛指包括仙人掌科以及景天科、番杏科、大戟科、萝藦科、百合科、凤梨科、龙舌兰科、马齿苋科、鸭跖草科、菊科等55个科在内的多浆植物。

9.5.2　生物学特性与分类

（1）生物学特性。

①多浆植物大多为多年生草本或木本，少数为一、二年生草本植物，但在它完成生活周期枯死前，周围会有很多幼芽长出并发育成新的植株。

②多浆植物的花变异很大，有菊花形、梅花形、星形、漏斗形、叉形等；色彩丰富；花的大小相当悬殊；果的类型及种子的形状也各种各样。

③多浆植物茎叶形态多样，可全年观赏；有些宜于室内或阳台盆栽绿化装饰；大多耐旱、耐贫瘠，可粗放管理，业余或初学者易于栽培；多数种类适栽于岩石园中。

（2）分类。

①仙人掌型（以仙人掌科为例），茎粗大或肥厚（块状、球状、柱状或叶片状），肉质多浆，绿色，代替叶进行光合作用，茎叶常有棘刺或毛丝。叶常退化或暂存。

②肉质茎型，有明显的肉质地上茎，叶片进行光合作用，茎无棱、棘刺。例如，锦葵科的猴面包树，大戟科的佛肚树；菊科的仙人笔，景天科的玉树。

③观叶型，主要由肉质叶组成，叶既是储水与光合作用的场所，又是观赏的主要部分，例如，景天科的驴尾景天、拟石莲，番杏科的生石花、露花，菊科的翡翠珠等。

④尾状植物型，具有直立地面的大型块茎，内储藏水分和养分，由块茎上抽一至多条常绿或落叶的细长藤蔓，攀缘或匍匐生长，叶常肉质，如吊金钱。

9.5.3　观赏价值

（1）多数小巧玲珑，适于盆栽，生长量小，可几年不换土。

（2）大都耐干旱，瘠薄。少浇水，不施肥也可存活。

（3）茎叶形态多样，可全年观赏。

（4）繁殖栽培容易。

（5）适合配置在岩石园中。

9.5.4　部分多浆植物

（1）金琥（象牙球），仙人掌科金琥属，茎圆球形，单生或成丛，有棱，刺座密生硬刺，6—10月开花，生于球顶黄色绵毛丛中，钟形，黄色，果被鳞片及绵毛，基部孔裂。肥沃并含石灰质的沙壤土，喜光，越冬温度10 ℃左右，栽培宜每年换盆一次。多用播种繁殖亦可嫁接，砧木用生长充实的量天尺一年生茎段较适宜。盆栽可长成很规整的大型标本球，点缀厅堂。

（2）念珠掌，仙人掌科丝苇属，主茎一般直立，分枝横卧或悬垂。植株无叶也无刺，茎细，茎节有刺座（无刺有绵毛），花在茎枝顶端，钟状，果陀螺形，白色。盆栽用土应疏松透气，冬季10 ℃以上，生长期可半月追肥一次，多扦插繁殖，易活，也可播种。念珠掌适合家庭培栽，可作悬垂吊盆栽植或作挂壁式盆景。

（3）蟹爪兰，仙人掌科仙人指属，多分枝，茎节扁平截形，两端及边缘有尖齿，刺座有短刺毛，花在茎节顶端，两侧对称，花瓣张开反卷，果梨形或广椭圆形。蟹爪兰株形优美，花朵艳丽，能在没有直射阳光的房间里生长良好,适合冬季盆栽,还可入药,治疮疖肿痛。

(4) 鸾凤兜,仙人掌科星球属,为鸾凤玉的柱状变种,植株柱状,棱上刺座无刺,但有褐色棉状毛,植株灰白色,很像块奇特的岩石,多做室内盆栽,颇有山石盆景的意味。

(5) 昙花,仙人掌科昙花属,多年生灌木,无叶,主茎圆筒状,木质。分枝扁平叶状,边缘具波状圆齿,有刺座,幼枝有刺毛状刺,老枝无刺,花漏斗状。盆栽要求排水、透气良好的肥沃土壤,施肥可腐熟液肥加硫酸亚铁同时施用,盆栽昙花变态茎柔弱,应及时立支柱。昙花多作盆栽,适宜点缀厅堂、阳台及庭院。

(6) 绯牡丹(红牡丹、红球),仙人掌科裸萼球属,是瑞云变种牡丹玉的一个斑锦变异的栽培种。植株小球形,具棱(有横脊),花漏斗形,生于球顶部刺座,常数朵同开放。

(7) 松霞,仙人掌科乳突球属,丛生,单个球体小,圆筒状,刺座无毛,小花漏斗状,黄白色,果红色,种子黑色。盆栽宜选排水良好的肥沃沙壤土,生长季节可在室外培养。

(8) 神刀,景天科青锁龙属,肉质半灌木,茎直立,分枝少,叶长圆形斜镰刀状,灰绿色,互生,基部联合,夏季开花,伞房状聚伞花序,花深红或橘红色,宜室内盆栽。

(9) 鹿角海棠(熏波菊),番杏科鹿角海棠属,肉质灌木,分枝具明显节间,老枝褐色,叶交互对生,基部稍联合,半月形叶具三棱。枝繁叶茂,冬季开花,花顶生,单出或数朵同生,可盆栽点缀室内,亦可作吊挂悬篮栽培。

(10) 虎刺梅(麒麟刺或麒麟花),大戟科大戟属,灌木,分枝多,内有白色乳汁,茎、枝有棱,具黑刺,叶片生于新枝顶端,花有柄、苞片。栽培容易,花期长,红色苞片。虎刺梅是很受欢迎的盆栽植物。虎刺梅幼茎柔软,常用来绑扎孔雀等造型,成为宾馆、商场等公共场所摆设的精品。

(11) 生石花,番杏科生石花属,多年生草本。茎很短,球状,形似倒圆锥体。肉质叶对生联结,顶部近卵圆,平或凸起,上有树枝状凹纹,半透明。在国际上享有"活的宝石"之美称,适宜作室内小型盆栽花卉。

(12) 龙须海棠(松叶菊),番杏科松叶菊属,叶簇生,肉质,具三棱,龙骨状,花单生,有金属光泽,花期春末夏初,花色鲜艳,开花量大,可作盆栽点缀阳台、窗台,也可作吊盆栽植。

(13) 长寿花(伽蓝菜、圣诞伽蓝菜、寿星花),景天科伽蓝菜属,茎直立,叶肉质交互对生,长圆形,株型紧凑,花朵密集,花期逢圣诞、元旦和春节,是冬春季理想的室内盆栽花卉。

(14) 龙舌兰,龙舌兰科龙舌兰属。多年生常绿大型草本。莲座状;圆锥花序自中心抽出,仅顶端生花,有金边、金心及银边等变种。叶片坚挺美观、四季常青,园艺品种较多。龙舌兰常用于盆栽或花槽观赏,适合布置小庭院和厅堂,栽植在花坛中心、草坪一角,能增添热带景色。

(15) 虎尾兰,天门冬科虎尾兰属。叶剑形,丛生于根茎先端,直立,有横斑纹,花白色。虎尾兰能适应各种恶劣的环境,适合庭院美化或盆栽,为高级的花材室内植物。

9.6 兰科花卉

9.6.1 兰科花卉的概念

兰科花卉泛指兰科中具有观赏价值的种类,因形态、生理、生态都具有共性和特殊性而单独成为一类花卉。

9.6.2　兰科花卉的分类

（1）按属形成的方式可分为以下两类。

①天然形成的属（未经人为干涉，例如，兜兰属、蜘蛛兰属、蝴蝶兰属等）；

②两属间人工杂交而成的属及三属或多属间人工杂交而成的属。

（2）按生态习性可分为以下三类。

①地生兰类（根生于土，有块状根茎，部分有假鳞茎）；

②附生及石生兰类（附于干枝、枯木或岩石表面，具假鳞）；

③腐生兰类（无叶绿素，有块根茎，叶鳞状）。

（3）按温度要求可分为以下三类。

①喜凉兰类，如堇色兰属、齿瓣兰属等；

②喜温兰类（中温性兰类），如兰属、石斛属等；

③喜热兰类（热带兰），如万代兰属。

9.6.3　兰科花卉的繁殖

（1）有性繁殖：即种子繁殖。兰花开花之后，通过昆虫或者人工授粉是可以结种子的，只是种子内部只有一个发育不完全的胚乳，再加上兰花种皮不易吸收水分，导致播种繁殖成活率较低，所以一般不建议采用这种方法繁殖。

（2）营养繁殖：组培繁殖、扦插（依插穗来源分为顶枝扦插、分蘖扦插、假鳞扦插、花茎扦插）、分株。

9.6.4　兰花的栽培管理

（1）基质：排水、通气良好，又能保持中度水分含量。

（2）上盆：一般用透气性较好的瓦盆或专用兰盆。盆底保证排水良好；严格小苗小盆，大苗大盆；操作不伤根叶；幼苗移栽喷杀菌剂；浅栽，茎或假鳞茎需露出土面；上盆后不宜浇水过多；上盆后宜放无阳光直射及直接雨淋处一段时间。

（3）浇水：考虑种类、基质、容器、植株大小等；以雨水最好；浇水宜用喷壶。

（4）施肥：有机肥必须要腐熟，人畜粪尿不能直接使用。施肥最好在傍晚或者避光的地方进行；不要在上午进行，以免被阳光晒伤。

（5）光照与遮阴：兰花种类不同，生长季节不同，对光照的要求也不一样。一般来说，在冬季要求有充足的光照，利于其生长发育。而在夏季因阳光过强，温度过高，必须遮阴，但不同种类差别较大。

（6）温度：一般需要在15～25 ℃的温度下生长。

9.6.5　兰花常见栽培属

（1）兰属，常绿，合轴分枝，具假鳞茎，近基部有关节，花序自顶假鳞茎基部抽出，唇瓣三浅裂或不明显，中裂片有时反卷，侧裂片有两条纵向平行的隆起，有黏盘。

兰属的栽培应用：兰花是我国栽培历史最久，栽培最普遍的花卉。既是名贵的盆花，又是优良的切花，我国以盆花为主，以浓香、素心品为佳，国外喜花多，大。

①春兰：叶直立、剑形，5～7 枚丛生，长 50～70 cm，宽 1.2～1.5 cm，叶缘粗糙，有细锯齿，中脉显著。花茎直立，高 25～35 cm，花 2～5 朵，淡黄绿色，有芳香。唇瓣端钝，反卷，花期 1—3 月。

②蕙兰：根肉质粗壮，叶 5～7 枚，长 25～80 cm，宽 0.6～1.4 cm，直立。叶缘具粗锯齿，叶脉明显。花茎直立，高 30～80 cm，有花 6～9 朵，淡黄绿色，花径 5～6 cm，有香气。花期 3—5 月。

③建兰：假鳞茎椭圆形。叶 2～6 枚，长 30～50 cm，宽 1.2～1.7 cm，叶缘光滑，无锯齿，叶面有光泽。花茎直立，高 25～35 cm，小花 5～9 朵，花淡黄绿色，有芳香。花期 7—10 月。

④寒兰：假鳞茎大。叶 3～5 枚，花茎直挺，细而坚，小花 8～12 朵，花被片狭长，黄绿色带紫色斑点，浓香。花期 11 月至翌年 2 月。

⑤墨兰：假鳞茎大，叶 4～5 枚，宽 1.5～4 cm。着花 7～20 朵。花浅褐色至深褐色，芳香。花期 1—3 月。

（2）蝴蝶兰属，多年生常绿草本，茎短，单轴型，无假鳞茎，气生根粗壮，圆或扁圆状。叶厚多肉质，卵、长卵或长椭圆形，抱茎着生于短茎上。总状花序，蝴蝶形小花。

蝴蝶兰属的园林应用：蝴蝶兰是世界著名盆栽花卉，亦作切花栽培。花朵美丽动人，是室内装饰和各种花艺装饰的高档用花，为花中珍品。

（3）兜兰属，常绿无茎草本，无假鳞茎，叶带状革质，基生，深绿或斑纹，表面有沟。花单生，少数种多花，唇瓣膨大成兜状，口缘不内折。侧萼片合生，中萼片大。

兜兰属的园林应用：兜兰属以单花种居多，花姿奇妙动人，盆栽观赏为主。众多野生种很早就被广泛引种栽培，通过长期栽培和人工育种，现有许多园艺品种。

（4）卡特兰属，多年生常绿草本，茎合轴型，假茎鳞粗大。顶生叶，单叶或双叶。叶厚革质，长椭圆形，花梗从叶基抽出，顶生花，单生或数朵，花唇瓣缘波状褶皱。高档盆栽和切花材料。素有“洋兰之王”的美誉。

（5）石斛属，多年生草本，落叶或常绿。茎丛生，细长，圆柱状或棒状，节处膨大。叶革、近革或草质。总状花序，中萼片与花瓣近同形，唇瓣匙形，外缘波状褶皱。石斛属除切花、盆栽外亦可作室内垂吊植物悬挂装饰。

（6）万代兰属，多年生草本，茎单轴型，无假鳞茎，植株高大，叶革质，抱茎着生，排成左右两列，扁平状、圆柱状或半圆状。花自叶腋抽出，总状花序，花期长。

9.7 水生花卉

（1）水生花卉泛指生于水中或沼泽地的观赏植物。水生花卉按照对水分的要求分类如下：挺水类（如荷花）、浮水类（如睡莲）、漂浮类（如浮萍）、沉水类（如黑藻）。

（2）水生花卉一般采用播种法和分株繁殖法。其播种繁殖是将种子播撒于有培养土的盆中，再逐步浸入水中，由浅入深。注意水温、条件控制等影响发芽的因素。

（3）水生花卉中的耐寒性花卉有千屈菜、水葱、香蒲等，一般不需特殊保护；半耐寒性花卉有荷花、睡莲等，栽培稍粗放；不耐寒性花卉有王莲等，一般在热带地区栽培。

（4）掌握常见几种水生花卉（如荷花、睡莲、王莲等）的园林应用和形态特征。了解水生花卉的生态习性、繁殖和管理。

①荷花形态特征:莲科多年生水生草本。地下茎长而肥厚,有长节,叶盾圆形全缘,面大,深绿色被蜡质白粉,叶柄侧生刚刺,花期 6—9 月,坚果椭圆形。

荷花的园林应用:优良的夏季水体绿化植物,可装点水面景观,也是插花的好材料;同时它可作为盆景观赏和专类园观赏,价值极高。

②睡莲的形态特征:地下具有块状根茎。叶丛生并浮于水面,具有细长叶柄,近圆形全缘,叶面浓绿,背面暗紫色。花期 6—9 月,果期 7—10 月,坚果。

睡莲的园林应用:重要的水生观赏植物,可用于城市水体净化、绿化及美化平静的水面,也可盆栽观赏或作为切花材料,观赏价值极高。

③王莲形态特征:地下根状茎,侧根发达,叶圆形。叶表面绿色无刺,叶背紫红色,花初开白色,翌日淡红色后沉入水中,花期夏秋季,果球形。

王莲的园林应用:叶形硕大奇特,花大色艳,可用于创造典型热带景观,也是城市花卉展览中必备的珍贵花卉,既具有很高的观赏价值,又能净化水体。

④千屈菜形态特征:根状茎粗壮木质化,茎直立四棱形,叶对生或 3 片轮生,披针形,全缘无柄,总状花序顶生,花紫色,蒴果扁圆形。花期 6—9 月。

千屈菜的园林应用:姿态娟秀整齐,花色鲜丽醒目,可成片布置于湖岸河旁的浅水处,可遮挡单调枯燥的岸线和水景园林造景植物。千屈菜也可盆栽观赏或用作切花。

9.8　高山花卉及岩生植物

(1) 高山花卉通常是指那些分布在海拔 3000 m 以上的花卉,同时也指原产于较高海拔和山区的花卉。高山花卉种类繁多,习性各异,生境复杂。

高山花卉和岩生植物在生态上有共同的特征:植物大多矮小;茎粗、叶厚、根系发达,植物富含糖和蛋白质(温差大导致);花色美丽(紫外线影响)。

(2) 高山花卉和岩生植物的应用价值:在世界园林的发展中起到重要作用;具有重要经济价值(乌头属、当归属等);观赏价值高。

(3) 常见高山花卉和岩生植物:龙胆、杜鹃、报春花(观赏价值最负盛名的三大高山花卉),还有菊科、玄参科、马先蒿属、紫堇属及垂头菊属等。

了解高山花卉及岩生植物的种类和特性,掌握高山花卉在园林中的应用价值,如杜鹃科、报春花科及景天科等应用价值高的植物。

①龙胆的形态特征:多年生草本。茎直立,根细长多条,集中在根茎处。叶对生无柄,茎部叶鳞片状;聚伞花序密集于枝顶,花钟状鲜蓝色。花期 9 月,蒴果长卵形。

龙胆的园林应用:花较大,艳蓝色,于深秋开放。宜植于花境观赏,以及林缘边配置使用,同时也可以植于灌丛间,观赏价值极高。

②四季报春的形态特征:多年宿根草本。全株被白色茸毛。叶基生,椭圆形,叶缘具浅波状裂或缺刻且面光滑。顶生伞形花序,花色丰富。花期 2—4 月。蒴果圆形褐色。

四季报春的园林应用:品种多,花色鲜艳,形姿优美,花期长,适宜盆栽,点缀客厅、居室和书房。南方温暖地区四季报春可露地花坛栽培或栽植于假山园、岩石园内。

③马先蒿的形态特征:多年生草本,茎丛生。基生叶圆形至披针形,较狭窄,茎生叶 4 枚轮生,较宽;轮状花序顶生。花期 6—7 月,果期 9—10 月,蒴果披针形。

马先蒿的园林应用:枝叶繁茂,翠绿成丛,唇形花紫红色,密集成团,绿叶红花交相辉映,十分可爱。或植于花坛边缘成为环状。也可瓶插观赏。

④雪莲的形态特征:多年生草本,生于3000 m以上的高山。茎粗壮。叶近革质,密集丛生,披针形,无柄,边缘锯齿状。头状花序,花紫色,花期夏季。果期9—10月。

9.9 木本花卉

(1) 月季花:蔷薇科蔷薇属。栽培历史悠久,应用广泛,有“花中皇后”之美誉,并评为我国十大名花之一,也是世界四大切花之一。

月季花切花栽培:品种选择、栽培环境、定植、浇水施肥、通风与光照、修剪、采收与处理。

(2) 牡丹:芍药科芍药属。“花中之王”,花期4—5月,雍容华贵,无论孤植、丛植、片植都很适宜,也可建立牡丹专类园。

繁殖常用分株、嫁接,也可用播种、扦插、压条,组培。“春分分牡丹,到老不开花”,生产上分株多在寒露前后进行。

(3) 梅:蔷薇科李属,梅按植物亲缘关系可分为三个系:梅、杏梅、樱李梅。梅耐寒,孤植、丛植、盆栽都很漂亮。

(4) 蜡梅:蜡梅科蜡梅属。花期11月至翌年3月,园林中可大面积种植,可用于园艺盆景及造型,还可作切花材料。

(5) 山茶:山茶科山茶属。山茶属植物中作观赏栽培的主要是华东山茶、云南山茶和茶梅三种。

(6) 杜鹃:杜鹃花科杜鹃花属。花期4—5月,绮丽多姿,十大名花之一。杜鹃可丛植、片植、散植,或作为盆景。

(7) 桂花:木樨科木樨属。花期9—10月,可植于道路两侧、假山草坪院落等地,也可作盆栽或大面积种植于丘陵山谷。

(8) 八仙花:绣球花科绣球属,花期5—7月,开花时花团锦簇,可作盆栽。八仙花可植于花坛、花境、庭院等处观赏。

(9) 叶子花:紫茉莉科叶子花属。花期长,可攀缘,是园林绿化中理想的垂直绿化树种,北方可用作盆栽。

(10) 朱槿:锦葵科木槿属。朱槿花期长,花色鲜艳,是布置花坛、会场等的良好盆栽材料,也可用于布置花墙花篱。

9.10 地被植物

(1) 地被植物:覆盖于地表的低矮的植物群体,包括多年生低矮草本和蕨类植物,还有一些适应性较强的低矮、匍匐型的灌木和藤本植物。

地被植物中,以观花为主的有欧蓍草、蓝雪花、萱草等;以观叶为主的有花叶羊角芹、香石竹等,叶常绿的有麦冬、沿阶草、高山涩羊藿等。

(2) 地被植物的共同特点：覆盖力强、繁殖容易，养护管理粗放，适应能力强，种植以后不需经常更换，能够保持连年持久不衰。

(3) 园林地被植物的选择标准：植株低矮；绿叶期较长；生长迅速、繁殖容易、管理粗放；适应性强。

选用地被植物之前，要先了解该植物的生态习性及生长速度，如地被植物对环境的适应能力及抗旱、抗热、抗寒、耐湿、耐阴、耐酸碱程度等。

(4) 地被植物的主要栽培养护管理措施：防止水土流失、增加土壤肥力、抗旱浇水、防治病虫害、防止空秃、修建平整、更新复苏、地被群落的调整与提高。

(5) 部分代表。

①白车轴草：豆科车轴草属。花叶兼优，绿色期长、耐修剪、易栽培、繁殖快、造价低，适宜作为封闭式观赏草坪。

②葛：豆科葛属。多生于草坡、路旁、树林，且耐旱、耐阴，常种植于坡地防冲刷、固堤。

③百里香：唇形科百里香属。多生于向阳山坡或林区阳坡灌木丛中。枝叶茂盛，生长粗放，为地被良好材料。

④过路黄：报春花科珍珠菜属。对环境适应性较强，整个绿色期达280天，适宜作为地被植物和观赏性草坪草种。

⑤石蒜：石蒜科石蒜属。多年生球根花卉，花朵美丽异常，喜半阴，宜作疏林地被，或配植于花境山石旁，亦可作为盆栽和切花。

⑥山麦冬：天门冬科山麦冬属。叶色浓郁，花期7—9月，浆果黑紫色，株形清秀优美，是优良的地被植物。

⑦活血丹：唇形科活血丹属。耐寒、耐半阴，喜湿润，对土壤要求不严，播种繁殖为主，宜作为疏林下地被植物。

⑧翠云草：卷柏科卷柏属。喜温暖湿润、半阴，忌强光直射。翠云草适合作为暖地阴湿处地被，还可盆栽或点缀假山石。

第二篇
实　践

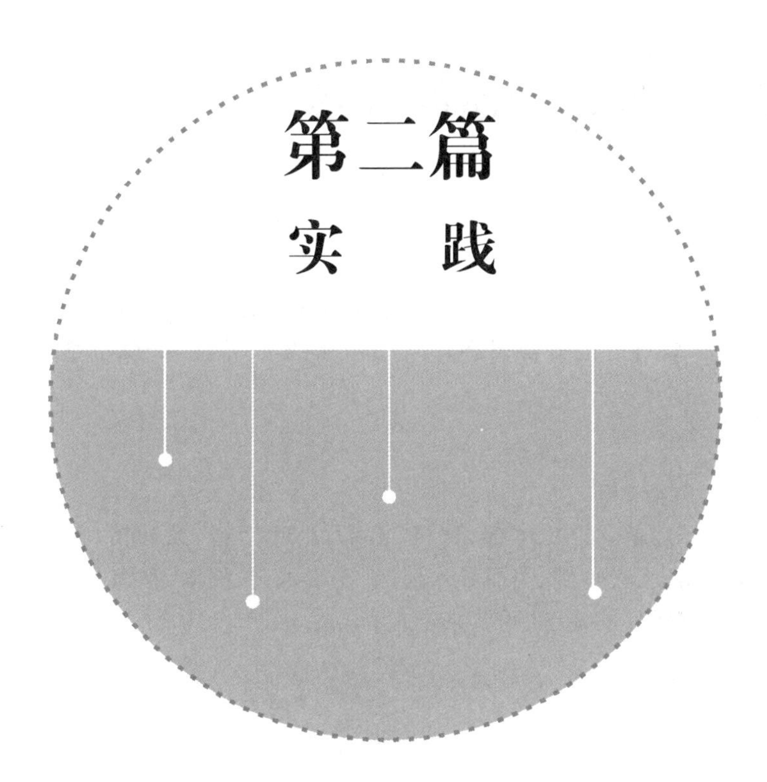

第10章 花卉的生物学知识

 实践1 叶及叶序的观察

一、实践目的

叶的外部形态和叶序的类型是花卉分类的重要依据之一，本实践主要目的就是通过对花卉叶及叶序的观察，掌握叶的外部形态，叶各部分的鉴别特征，叶脉类型及单叶、复叶的区别要点。

二、材料

樱花、人心果、福建茶、碧桃、木棉、秋枫、杧果、小叶榕树、大叶榕、刺桐、扶桑、海桐、凤凰木、小叶女贞、琴叶珊瑚、夹竹桃、美丽异木棉、红花檵木、长隔木、秋海棠、万寿菊等的带叶枝条(部分实践对象，根据所处的地区、季节来定)。

三、步骤

(一) 观察叶的组成

观察叶片、叶柄、托叶的有无和位置。

(二) 叶形、叶尖、叶基、叶缘的观察

1. 叶形

叶形是指叶片的形状，主要由叶片的长宽比例决定。

(1) 针形叶：细长，先端尖，形如针，如松。

(2) 线形(带形)叶：狭长，长为宽的5倍以上，且全长的宽度近相等，两侧叶缘几乎平行，如韭。

(3) 剑形叶：坚实、较宽大，具尖锐顶端的线形叶，如鸢尾、菠萝等。

(4) 披针形叶：中部以下最宽，向上渐狭，长为宽的4～5倍，如桃。

(5) 倒披针形叶：披针形叶的颠倒，如小檗。

(6) 卵形叶:形如鸡卵,中部以下较宽,向上渐狭,长约为宽的2倍,如女贞。

(7) 倒卵形叶:卵形叶的颠倒,如紫云英、泽漆。

(8) 阔卵形叶:长宽约等或长稍大于宽,最宽处近叶的基部,如苎麻。

(9) 倒阔卵形叶:阔卵形叶的颠倒,如玉兰。

(10) 圆形叶:形似圆盘,长宽相等,如莲。

(11) 椭圆形叶:与圆形叶相似,但叶缘呈弧形,如茶和樟树。

(12) 长椭圆形叶:长为宽的3～4倍,最宽处在中部,如杧果。

(13) 阔椭圆形叶:长为宽的2倍或少于2倍,中部最宽,如橙。

(14) 菱形叶片:近等边斜方形,如乌桕。

(15) 心形叶:呈心脏形,如紫荆。

(16) 肾形叶:似肾脏形,基部圆凹,先端钝圆,宽大于长,如积雪草、细辛。

此外,还有象形叶,如三角形的荞麦和杠板归叶,扇形的银杏叶,匙形的油菜叶等。

2. 叶尖

叶尖指叶片先端约1/3的部分,常见的叶尖有以下几种类型。

(1) 渐尖叶:尖较长,渐尖锐,叶缘稍内弯,如杏、桃等。

(2) 锐尖叶:尖成锐角形,边缘直,如金樱子。

(3) 尾尖叶:尖狭长而成尾状,如郁李。

(4) 钝形叶:尖钝或狭圆形,如厚朴。

(5) 微凹叶:尖顶端稍凹入,如黄檀和细叶黄杨。

(6) 倒心形叶:尖宽圆,有较深的凹缺,如酢浆草。

3. 叶基

叶基是指叶片基部约1/3的部分。叶片基部形状常见的有心形叶片,基部两侧各有一圆形裂片,中部凹成心形,如番薯、牵牛。

4. 叶缘

叶缘即叶片上除了叶尖、叶基以外的边缘。叶缘的形态,常见的有下列几种。

(1) 全缘:叶片边缘平整无缺,如女贞、紫荆、甘薯和稻、麦等的叶缘。

(2) 锯齿(状):叶缘裂成齿状,齿下边长,上边短,如大麻的叶缘。锯齿较细小,称细锯齿,如梨、桃等的叶缘;锯齿之上又有小锯齿,称重锯齿,如樱桃的叶缘。

(3) 牙齿(状):叶缘齿尖锐,两侧近相等,齿直而尖向外,如蜂斗菜、桑的叶缘。

(4) 钝齿:叶缘具钝头的齿,如天竺葵的叶缘。

(5) 波状:叶缘起伏呈波浪形,如茄的叶缘。

(三) 叶脉的种类

1. 网状脉

网状脉是叶片上的叶脉分枝,由细脉互相联结形成网状。

(1) 羽状网脉:主脉1条,纵长明显,侧脉自主脉两侧分出,羽状排列,并几达叶缘,如女贞、垂柳。

(2) 掌状网脉:主脉基部同时产生多条与主脉近似粗细的侧脉,其间再由细脉形成网状,称为掌状网脉,如麻、八角金盘等。如从主脉基部两侧只产生一对侧脉,这一对侧脉明显比其他侧脉发达,这种称为三出脉,如山麻杆、朴树等;当三出脉中的一对侧脉不是从叶片基部生出，而是离开基部一段距离才生出时，则称为离基三出脉，如樟。

2. 平行脉

叶片上的中脉与侧脉、细脉均平行排列，或侧脉与中脉近乎垂直，而侧脉之间近平行，这些都称为平行脉。

（1）直出平行脉：所有叶脉都从叶基发出，彼此平行直达叶尖，细脉也平行或近平行生长，这种则称为直出平行脉，如麦冬、莎草等。

（2）弧形平行脉：所有叶脉都从叶片基部生出，则彼此之间的距离逐步增大，稍作弧状，最后距离又缩小，在叶尖汇合，这种则称为弧形平行脉，如紫萼、玉簪等。

（3）射出平行脉：所有叶脉均从叶片基部生出，以辐射状态向四面伸展，如棕榈。

（4）横出平行脉：侧脉垂直或近垂直于主脉，侧脉之间彼此平行直达叶缘，这种则称为横出平行脉，如芭蕉、美人蕉等。

3. 叉状脉

片上的叶脉无中脉、侧脉之分。叶脉从叶基生出后，均呈 2 叉状分枝，特称为叉状脉。这种脉序形式在种子植物中极少见，仅在银杏中出现。

(四) 叶序的类型

叶序作为叶在茎上排列的方式，是植物的一项重要生理特征。在一般人眼中，它们看似杂乱无章，但实际上极有规律。对植物叶序的研究有重要的科学意义，有助于探讨植物形态发生、分类、系统演化和发育状况，同时也能为农林、花卉等作物品种的改良和栽培提供重要的理论基础。

（1）互生叶序：在茎枝的每个节上只生一片叶子，它们沿茎枝螺旋排列，上下相邻的叶子交错一定的角度而互不遮阴，比如常见的桑、杏、樟、酸橙叶序等。

（2）丛生叶序：在植物的短枝上丛生有 2～5 片叶子，如油松、红松叶序；或者多数叶子丛生于节间非常密集的短枝上，如落叶松、银杏、枸杞子叶序等。

（3）对生叶序：在茎枝的每节上对生 2 片叶子，并与相邻的两节成交叉十字形排列，如薄荷、石竹、龙胆、忍冬叶序等。

（4）轮生叶序：在茎枝的每节上生 3 片或 3 片以上叶子，各叶相开均等的角度，排成轮状，如夹竹桃、轮叶王孙、百部叶序等。

(五) 单叶和复叶的观察

（1）在一个叶柄上只生 1 片叶，称为单叶。

（2）在一个叶柄上着生 2 片或 2 片以上的叶，称为复叶。复叶也分为羽状复叶、掌状复叶、三出复叶和单身复叶。

①羽状复叶：叶轴长，多片小叶在叶轴两侧为羽状排列，常见的羽状复叶植物有槐、苦参、蔷薇、决明、落花生、皂荚、合欢、云实、含羞草等。

②掌状复叶：3 片以上的小叶着生于极度缩短的叶轴上，为掌状排列，常见的掌状复叶植物有人参、五加、七叶树等。

③三出复叶：叶轴上着生 3 片小叶，若小叶柄等长，则是掌状三出复叶，如半夏、酢浆草。若顶端小叶的叶柄长，则是羽状三出复叶，如胡枝子、大豆。

④单身复叶：总叶柄顶端着生 1 片叶，总叶柄常作叶状或翼状，在柄端有关节与叶片相连，如柑橘、柚、酸橙等。

（六）叶变态观察

叶变态是由于功能改变所引起的叶的形态和结构都发生变化，如仙人掌的叶变为刺状，以减少水分的散失，适应干旱环境中的生活；生石花、肉锥花、藻铃玉和银叶花属的植物将叶片变成石头或卵石的形态，以躲避动物的掠食；酸枣、洋槐的托叶变成坚硬的刺，起保护作用。

四、作业

每人给出下列形态术语的示意图，如羽状脉、三出脉、平行脉、五出脉、掌状三出复叶、羽状三出复叶、奇数羽状复叶、偶数羽状复叶、一回奇数羽状复叶、二回奇数羽状复叶。

利用课余时间对校内花卉进行观察，并填写表 10-1。

表 10-1　花卉的叶的形态术语观察记录表

序　　号	形态术语	花卉名称	序　　号	形态术语	花卉名称

 实践 2　茎的观察

一、实践目的

观察芽和枝的外部形态和类型，识别茎的分枝类型及分蘖，观察茎尖的结构，了解其活动规律。

茎具有运输营养物质和水分以及支持叶、花和果在一定空间的作用，有的茎还具有光合作用、储藏营养物质和繁殖的功能。

二、材料

福建茶、碧桃、秋枫、杧果、刺桐、扶桑、夹竹桃、红花檵木、长隔木、秋海棠、万寿菊等的茎或枝。

三、步骤

(一) 木本、草本花卉茎的构造

1. 木本花卉茎的构造

木本花卉茎由外向内依次为树皮(包括表皮和韧皮部)、形成层、木质部和髓。下面以秋枫为例进行介绍。

(1) 树皮。

外侧：主要起保护作用(保护组织)。

内侧：韧皮部筛管，运输有机物(运输组织)。

韧皮纤维：起支持作用，有弹性(机械组织)。

(2) 形成层。

向外产生新的韧皮部，向内产生新的木质部(分生组织)。

(3) 木质部。

导管：运输水和无机盐(运输组织)。

木纤维：起支持作用，有硬度(机械组织)。

(4) 髓：储存营养物质(营养组织)。

(5) 年轮。

第一年　春材：逐渐交化，一个年轮。秋材：界线明显，形成年轮线。

第二年　春材：逐渐交化，一个年轮。秋材：由夏末至深秋气候条件不利时，细胞生长变慢，生成的木质较密，颜色较深。

2. 草本花卉茎的构造

草本花卉茎包括表皮、薄壁细胞、维管束，其中维管束由韧皮部和木质部组成，没有形成层。

（二）茎的形态、分枝及芽的结构

1. 茎的形态

植物的茎是支撑叶、花、果的器官，又是水分和营养物质运输的通道。地下块茎和鳞茎通常是人们的食物。

2. 茎的分枝

植物的分枝源于芽的活动，关于侧芽的形成有两种说法：一是侧芽的顶端分生组织及主茎的顶端分生组织由形成叶原基时保留在叶腋处的分生细胞所组成；二是侧芽的顶端分生组织在叶腋内处由已分化的细胞恢复能力所形成。由于顶芽的生长会抑制侧芽的生长，所以植物会产生不同的分枝方式。

（1）单轴分枝：也称总状分枝，从幼苗开始，主茎的顶芽活动始终占优势，形成一个直立的主轴，侧枝不发达。这种植株呈塔形。

（2）合轴分枝：顶芽发展到一定时间后死亡或者分化为花芽或者发生变态，而靠近顶芽的腋芽发展为新枝，代替主茎生长一定时间后，其顶芽又同样被下方的侧芽代替生长的分枝方式。主轴除了很短的主茎之外，其余全为各级侧枝分段连接而成。因此茎干弯曲、节间很短、而花芽较多。

（3）假二叉分枝：具有对叶生序的植物，其主茎和分支的顶芽形成一段枝条后停止发育，顶端下方对生的两个侧芽发育为新枝，且新枝的顶芽和侧芽的生长规律与母枝一样。这样的分枝在外表上近似二叉分枝，但不是顶端分生组织本身一分为二的真正的二叉分枝，所以带了个“假”字。

3. 芽的结构

按照芽在枝上发生位置是否确定，芽分为定芽和不定芽(一般发生于植株的老茎、根、叶及创伤部位)。

位于枝的顶端的芽称为顶芽(包括胚芽)，发生于叶腋部位的芽称为腋芽。它们都属于定芽。多数植物一个叶腋只有一个腋芽，即单芽，若有多个芽，除了一个为正芽外，其余为副芽。有的植物还有叶柄下芽。

按结构和性质，芽还可以分为叶芽(有叶原基和腋芽原基)、花芽(有花和花序的原基)和混合芽(外部常包有芽鳞片)，一般花芽比叶芽肥大。

按照芽鳞的有无，芽分为鳞芽(一般是生活在冬寒地带的多年生木本植物体的部位，有叶的变态芽鳞片包被)和裸芽。

按照芽的生理活动状态，芽可以分为活动芽和休眠芽。还存在珠芽，是一种未发育的球茎，呈球形，通常生于叶腋，属于营养繁殖的器官。

（三）茎的类型

常见的有两种类型，即正常茎和变态茎。

（1）正常茎：由胚芽向上生长，在地面上形成的中轴；茎和枝条长叶的地方称为节，各节之间的部位称为节间。绝大部分植物都有正常茎，有个别植物没有正常茎，如松树、柏树、杨树等的树干和小麦、玉米的茎秆都是茎。根据茎的生长特性，茎一般分为以下七类。

①直立茎：茎干垂直于地面生长，最常见，端直树干都是直立茎。

②斜立茎：茎长出地面就偏斜，如斜茎黄芪等。

③斜依茎：茎的基部斜依地面，如马齿苋、萹蓄等。

④平卧茎：茎全部平卧地面，如地锦、蒺藜等。

⑤匍匐茎：茎叶平卧地面，但节部生长不定根，如鹅绒委陵菜、叉子圆柏等。

⑥攀缘茎：依靠卷须、小根、吸盘等攀缘在其他物体上的茎，如葡萄、豌豆、常春藤、扶芳藤等。

⑦缠绕茎：茎本身缠绕在其他物体上生长，如牵牛花、啤酒花等。

(2) 变态茎：功能改变引起的形态和结构发生变化的茎。变态茎分为地上变态茎和地下变态茎。

①地上变态茎：一是叶状茎或叶状枝，茎或枝扁平或圆柱形，形状像叶子，具有叶子的作用，如天门冬属植物、昙花、扁竹蓼等。二是枝刺，枝条顶部变成刺状，如沙棘、沙枣、山楂等。三是卷须，生长在茎的叶腋或与叶对生，顶部卷曲，如葡萄、藕等。

②地下变态茎：一是根状茎，外形似根，有明显的节与节间。节上能形成芽和根。如莲藕、生姜、菊芋、鸢尾、玉竹、竹等。二是块茎，由茎变成粗壮肥厚肉质的地下茎，如土豆、洋姜等。三是鳞茎，是极度缩短的扁平的地下茎，生长许多肥厚多汁的鳞叶和芽，如大蒜、百合、水仙、洋葱等。四是球茎，为肥大肉质扁圆的地下茎，顶部有粗壮顶芽，侧面有明显的节和节间，如荸荠、慈姑等。

四、作业

利用课余时间对校内不同花卉的茎进行观察记录总结。

实践 3　花和花序的观察

一、实践目的

通过对花及花序的观察，掌握花的外部形态。

二、材料

樱花、碧桃、木棉、秋枫、杧果、刺桐、扶桑、海桐、凤凰木、琴叶珊瑚、夹竹桃、美丽异木棉、红花檵木、长隔木、秋海棠、万寿菊等的花（部分实践对象，根据所处的地区季节来定）。

三、步骤

1. 花的组成

一朵完整的花是由花梗、花托、花萼、花冠、雄蕊、雌蕊等部分组成的。

2. 花序

花序是花在花序轴（总花柄）上有规律的排列。花序主要可分为两大类，一类是无限花序，另一类是有限花序。无限花序又可以分为以下几种类型：总状花序、穗状花序、葇荑花序、伞房花序、头状花序、隐头花序、肉穗花序、伞形花序。

四、作业

利用课余时间对校内不同花卉的花的组成和花序进行记录总结。

 实践4 花卉花芽分化的观察

一、实践目的

通过实践使学生掌握花芽分化的观察方法，了解花芽分化形态变化的过程及花的发育规律，从而为花卉的控制栽培打下基础。

二、材料、用品、试剂

(1) 材料：月季花、大丽花或菊花。

(2) 用品：显微镜、切片机、解剖针、镊子、染色缸、载玻片等。

(3) 试剂：酒精、福尔马林、醋酸、石蜡、染色剂、中性树胶等。

三、说明

当植物完成营养生长后在条件合适时就会转入生殖生长，生殖生长是种子植物完成世代循环的一个重要过程，对花卉而言，花芽的分化、形成到开花是生产中最关键的时期。因此，了解花芽的分化与发育过程，以及掌握花芽分化到开花各发育阶段的时间等，对花期控制有重要的作用。一般而言，植物花芽的分化会经历营养生长锥→生殖生长锥→花原基→花蕾→开花(成花)几个阶段。为了了解这些过程，应在不同的发育阶段取样切片观察。在观察取样时不可能每天跟踪取样，一般以5～10天间隔期进行取样，有些花芽分化与发育较快的植物可3天取样一次。为了便于实践的进行，每次取样后，不必马上制片观察，可用固定液固定后保存到最后一起制片观察。

四、步骤

1. 取样期确定

植物经过一定时间的营养生长后，营养芽向生殖芽转变，一般都有一定的特征。如月季花顶芽变成柱状体(无叶原基)时即出现生殖生长锥；大丽花最上端两片叶子成柳叶状时，即出现生殖生长锥；秋菊芽体变成绢毛状(或停灯5天后)即开始出现生殖生长锥，这个时期应为取样开始日期，以后每隔10天取样一次，每次取3个芽，以枝条顶芽为佳，每次应做好记录。

2. 样品固定与保存

每次取回样品后，先用清水冲洗干净，再用FAA固定液进行固定和保存，如要长时间保存，固定后改用10%的福尔马林。FAA固定液配制如下：福尔马林5 mL＋70%酒精90 mL＋醋酸5 mL。

3. 制片与观察

将各次样品从固定液或保存液中取出，用清水冲洗干净，用石蜡包埋或直接用切片机进行纵向及横向切片，每个样品选最好的3片进行脱色、染色、封片，然后用显微镜进行观察。画出每个阶段的解剖图。

五、作业

（1）解剖图画面要清楚、准确。

（2）对图做出说明。

（3）总结花芽分化与发育的规律及完成各发育阶段的时间。

实践5　球根花卉种球形态观察与种类识别

一、实践目的

（1）掌握各类球根花卉地下储藏器官的不同特点并进行栽植。

（2）掌握常见球根花卉的生长习性、繁殖方法和一般管理方法。

二、材料、用品

（1）材料：球根花卉种球。

（2）用品：放大镜、铅笔、橡皮、直尺、游标卡尺、解剖镜等。

三、步骤

（一）球根花卉种球形态观察

百合的种球是由一瓣一瓣构成的，种球外皮呈黄白色或粉白色，其常见周径为12～14 cm或20～22 cm。一般一球出一芽，现在随着培育技术的提高，一些品种一球也可以出两个芽。

风信子的种球常见表皮为白色和紫色，周径为16～19 cm。但要注意尽量不要直接用手去碰风信子的种球，因为其表面有一层物质，皮肤接触后会引起瘙痒。

唐菖蒲的种球呈扁圆状，通常个头比较小，若批量生产，4～6 cm和6～8 cm都是比较常用的规格。

郁金香的种球如水滴状，表皮较光滑平整，最外一层干皮很容易揭下，生产常用的规格为12 cm左右。

洋水仙的种球和常见的国产水仙的种球很不一样，通常由一个或者两个大瓣构成。它虽然叫洋水仙，但却是种在土里的。

朱顶红的种球相对于其他球根花卉偏大，种球内水分和营养充足，十分好养。开出来的花又大又漂亮。即使是36～38 cm大小的种球，现在在市场上也是比较多见的，种球越大，开出的花就会越大越好看。

葡萄风信子的种球圆润饱满，小巧可爱。将它种下去开出的花是小小的一株，十分精致可爱。

（二）球根花卉的繁殖

球根花卉属于多年生草本植物，可以采用扦插法（叶插法、鳞片插法、茎插法）、分球法等方法繁殖。

（1）扦插法繁殖：获得的植株根系比较弱，常为浅根性，生长势也比较弱，抗性差，寿命短，因而球根花卉多用分球法繁殖，扦插法次之。扦插法繁殖比播种法繁殖成苗速度快，开花时间早，在短时间内可以获得大量的幼苗，并能保持品种原有的优良特性，园艺生产中，对不易于产生种子的花卉多采用扦插法繁殖。用枝条扦插称为枝插法或茎插法，用叶片扦插称为叶插法，用根扦插称为根插法。

（2）分球法繁殖：球根花卉茎缩短肥厚，为扁球状或球状，如唐菖蒲、郁金香、小苍兰、晚香玉等。将球根鳞茎上的自然分生小球进行分栽，培育新植株。一般很小的子球第一年不能开花，第二年才开花。母球因生长力的衰退可逐年被淘汰，根据挖球及种植的时间来定分球法繁殖季节，在挖掘球根后，将太小的球分开，置于通风处，使其通过休眠以后再种。

四、作业

完成表 10-2（至少 10 种）。

表 10-2　球根花卉的品种调查表

记录人：　　　　　　　　地点：

名　　称	形态特征	生长习性	开花习性	繁殖方法	栽培形式

 实践6　花卉的识别

一、实践目的

（1）通过花卉实物的观察与记录，加深对花卉形态特征的印象，达到识别常见花卉的目的。

（2）通过该实践训练学生正确观察、识别花卉的能力，掌握快速记忆花卉的方法。

二、材料

（1）露地二年生花卉：金盏菊、紫罗兰、三色堇、金鱼草、雏菊。

（2）观叶花卉：文竹、一叶兰、万年青、袖珍椰子、棕竹、散尾葵、苏铁。

（3）温室花卉：仙客来、瓜叶菊、天竺葵、凤梨、蟹爪兰、报春花。

三、步骤

1. 观察

（1）直接观察：用眼睛看植株的整体外貌、茎、叶、花等的外部特征。

（2）放大镜观察：手持放大镜观察花卉局部和肉眼难以观察的外部特征。

2. 测量

（1）植株的长、宽、高。

（2）所需茎、叶、花的尺寸。

3. 描述

将上述观察、测量得到的结果描述、记录下来。

四、作业

（1）绘制每一种花卉的外形图，并附文字描述和相关数据。

（2）绘图并标出花卉的拉丁文。

（3）将观察、测量的性状与书本做对照，将书本上没有或写得不准确的特征添加在上面。

（4）找到所观察花卉的一种独特的性状，并编制检索表。

实践 7　草坪植物与地被植物

一、实践目的

通过实践掌握南方常见草坪植物与地被植物的形态特征。

二、材料、用品

(1) 材料:狗牙根、沿阶草、马樱丹。

(2) 用品:放大镜、直尺、记录本等。

三、步骤

(1) 草坪植物形态观察和解剖:仔细观察草坪植物的根、茎、叶、花、果和种子的外部形态特征,并做好记录。

(2) 调查地被植物在园林中的应用。

(3) 室内识别:各类草坪植物与地被植物的形态特征。

(4) 室外调查:调查各种不同草坪植物和地被植物生长环境、生长势和生长特点。

四、作业

调查并记录各种不同草坪植物和地被植物的生长环境、生长势和生长特点。

实践8 花卉物候期的观测

一、实践目的

掌握花卉物候期的观察、记录方法。

二、材料、用品

(1) 材料:校园植物。

(2) 用品:笔、量尺等。

三、步骤

教师集中讲解植物的物候期,自然开花植物的特点等,并对实习提出具体的要求和注意事项。

学生按教师讲解的方法与要求,对照指导资料,线下分散进行,完成以下任务:

(1) 查阅资料理清物候期的内容;

(2) 可在校园内或方便观察的地点选4种观赏植物,如落叶乔木、灌木、藤本、常绿观赏植物各1种;

(3) 观测、记录;

(4) 根据物候期的内容(展叶期、开花期、果熟期、叶变色期、落叶期、休眠期)绘制物候期图谱。

四、作业

对所调查植物进行分析,写出其生物学特征和所需要的环境条件。

实践9　花卉根的形态结构观察

一、实践目的

通过对花卉根尖的外形、分区和内部结构以及根的初生结构和次生结构的观察，掌握根的形态结构及其发育的特点。

二、材料、用品

(1) 材料：风信子根尖、凤仙花根尖、兰花幼根、百日草幼根等。

(2) 用品：显微镜、载玻片、盖玻片、镊子、滴管、培养皿、双面刀片、毛笔等。

三、步骤

(一) 根尖的外形与结构

1. 根尖的外形与分区

2. 根尖的内部结构

(1) 根冠：在根尖的最先端，由薄壁细胞组成，像一个套在分生区前面的帽子。

(2) 分生区：根冠之内，紧接根冠的一段区域。

(3) 伸长区：位于分生区的上方，从靠近分生区略微伸长的细胞到接近成熟区的长形细胞，细胞逐渐伸长并液泡化，向成熟区过渡。

(4) 成熟区(根毛区)：位于伸长区上方，表面密生根毛的区域。

(二) 根的初生结构

1. 双子叶植物根的初生结构

(1) 表皮：幼根的最外层细胞。

(2) 皮层：表皮之内的多层薄壁细胞。

(3) 维管柱：幼根的中央部分。

2. 单子叶植物根的初生结构

取兰花幼根横切永久制片，在显微镜下观察，由外向内分为表皮、皮层和维管柱三个部分。

(三) 根的次生结构

根的次生结构是维管形成层和木栓形成层细胞分裂、分化所形成的根的次生木质部、次生韧皮部、木栓和栓内层等结构。

四、作业

画出根的初生结构纵切图，并标明各部分名称。

第11章 花卉的栽培设施

实践1 环境条件对花卉生长的影响测定

一、实践目的

通过实践，使学生进一步熟悉环境因子的测定方法，了解光、温度、水分等环境条件对不同类型花卉植物生长的影响，从而了解不同类型花卉植物对环境条件的要求，为以后的生产管理打下基础。

二、材料、用品

(1) 材料：白蝴蝶(阴性)，千日红或鸡冠花(阳性)，彩叶草(中生性)。

(2) 用品：照度计、双金属温度计、毛发温度计、遮光网(50%、80%)、花盆、农药、化肥、尺子、天平、标签等。

三、步骤

环境条件对植物的生长发育及其生存有重要的影响，另一方面植物长期对环境的适应，在遗传上也建立了一定的环境要求，当环境条件的变化满足不了植物的要求时，植物在生长与发育过程中就会表现出一系列的变化，甚至死亡。因此，测定植物在不同环境条件下的生长表现，也可间接地了解植物对环境条件的要求。

在众多的环境因子中，对植物的生长发育起主要作用的有光照、温度、水分等，而光照强度的变化又会引起空气温度、湿度的变化。因此设定不同的光照条件，测定不同植物在不同条件下生长发育指标的变化，就可以了解环境条件对植物生长的影响，以及植物对环境条件的要求和适应。

选定自然光(全光照)及遮光的50%和遮光80%的3个光照环境。选择晴朗的天气，在同一瞬间测定3个环境的光照强度，测定3次，取平均值。求出3个环境光照强度变化的比例关系。

将双金属温度计在实践期间分别置于3个环境，自动记录该段时间内的温度变化，每周更换记录纸一次。求出该段时间的平均温度、昼夜温差。

将毛发湿度计置于3个不同环境中，测定空气相对湿度的变化，每周更换记录纸一次，求出该段时间空气的平均相对湿度。

分别选择白蝴蝶、千日红、彩叶草三种花卉各 15 盆，分成 3 组，每组 5 盆，分别测量实践起始时的地茎、株高、叶数等指标，并做记录，插上标签，第一组置于全日照下，第二组置于遮光 50％的环境下，第三组置于遮光 80％的环境下，每天采用相同的水肥管理，4 周后再分别测定各植物的地茎、株高、叶数等指标，并观察叶色、节间长等特征的变化，结束实践。

四、作业

将所测得的环境数据与植物实践前后各项生长指标平均数据记录于表 11-1，比较分析三种植物在不同环境中生长变化情况，分析各种植物最适宜的生长环境条件。

表 11-1　三种植物在不同环境中生长指标变化的比较

种类处理		白蝴蝶			千日红			彩叶草		
环境	光照									
	均温									
	均湿									
株高	b									
	f									
	HG									
地茎	b									
	f									
	DG									
叶片数	b									
	f									
	LG									

注：b 表示起始时指标；f 表示结束时指标；HG 表示实践期间株高的增长量；DG 表示实践期间地茎的增长量；LG 表示实践期间叶片数的增长量。

实践2 温室、塑料大棚的结构

一、实践目的

通过参与当地不同温室、塑料大棚的建造，使学生了解钢管大棚、日光温室、玻璃温室等园艺设施的基本结构以及建造施工步骤、质量标准，掌握施工操作技能。

(1) 了解棚群场地的选择与规划，包括地形、地势、面积、棚向、棚与棚之间的距离以及机、电、水供应条件等。

(2) 了解和掌握大棚各部件的名称、型号、规格、性能、用途等。

(3) 了解温室、塑料大棚搭建的操作步骤和技术要求。

(4) 了解温室、塑料大棚的长度、宽度、高度、拱间距离、主要部位弯曲角度等。

二、用品

皮尺等。

三、步骤

温室又称暖房，指有防寒、升温和透光等设施，供冬季培育喜温植物的房间。温室在不适宜植物生长的季节，能提供植物生育期和增加产量，多用于低温季节喜温蔬菜、花卉、林木等植物的栽培或育苗等。温室能控制或部分控制植物的生长环境，主要用于非季节性或非地域性的植物栽培、科学研究、加代育种和观赏植物栽培等。

根据温室的最终使用功能，温室可分为生产性温室、试验(教育)性温室和允许公众进入的商业性温室。蔬菜栽培温室、花卉栽培温室、养殖温室等均属于生产性温室；人工气候室、温室实验室等属于试验(教育)性温室；各种观赏温室、零售温室、商品批发温室等则属于商业性温室。

根据型号不同，温室可分为GLP622单栋/连栋温室、联合6型温室、联合8型温室、GKW7430薄膜温室、GSW8432/8430/825温室、PC板温室等。

根据材料不同，温室可以分为薄膜温室、玻璃温室、塑料板温室等。

覆盖塑料薄膜的建筑称为塑料大棚，俗称冷棚。塑料大棚可充分利用太阳能，有一定的保温作用，并通过卷膜能在一定范围调节棚内的温度和湿度。因此，塑料大棚在我国北方地区，主要起到春提前、秋延后的保温栽培作用，一般春季可提前30～35天，秋季能延后20～25天，但不能进行越冬栽培；在我国南方地区，塑料大棚除了冬春季用于蔬菜、花卉的保温和越冬栽培外，还可更换遮阴网，用于夏秋季节的遮阴降温和防雨、防风、防雹等的设施栽培。

我国地域辽阔，气候复杂，利用塑料大棚进行花卉、蔬菜等的设施栽培，对缓解蔬菜淡季的供求矛盾起到了重要作用，具有显著的社会效益和巨大的经济效益。

塑料大棚是一种简易实用的保护地栽培设施，由于其建造容易、使用方便、投资较少，随着塑料工业的发展，被世界各国普遍采用。塑料大棚利用竹木、钢材等材料，并覆盖塑料薄膜，搭成拱形，用以栽培蔬菜，能够提早或延迟供应，提高单位面积产量，有利于防御自然灾害，特别是北方地区能在早春和晚秋淡季供应鲜嫩蔬菜。

塑料大棚是花卉栽培及养护的又一主要设施，可用来代替温床、冷床，甚至可以代替低温温室，而其费用仅为建造温室的 1/10 左右。塑料薄膜具有良好的透光性，白天可使地温提高 3 ℃左右，夜间气温下降时，又因塑料薄膜具有不透气性，可减少热量的散发，从而起到保温作用。在春季气温回升、昼夜温差大时，塑料大棚的增温效果更为明显。如早春月季花、唐菖蒲、晚香玉等，在棚内生长可比露地生长提早 15～30 天开花，晚秋时花期又可延长 1 个月。塑料大棚具有建造简单、耐用、保温、透光、气密性能好、成本低廉、拆转方便、适合大面积生产等特点，近几年已被广泛应用，并取得了良好的经济效益。

塑料大棚以单层塑料薄膜作为覆盖材料，依靠日光作为能量来源，冬季不升温。塑料大棚的光照条件比较好，但散热面大，温度变化剧烈。塑料大棚密封性强，棚内空气湿度较高，晴天中午温度会很高，需要及时通风降温、降湿。

塑料大棚在北方只是一种临时性保护设施，常用于观赏植物的春提前、秋延后生产。塑料大棚还用于播种、扦插及组培苗的过渡培养等，与露地育苗相比具有出苗早、生根快、成活率高、生长快、种苗质量高等优点。

四、作业

写一份有关温室与塑料大棚结构的报告。

 实践3 温室与塑料大棚的日常管理

一、实践目的

通过日常管理使学生了解并掌握温室与塑料大棚内的光照、温度、湿度、空气等环境因子的调控技术。

二、用品

皮尺等。

三、步骤

(一) 日常管理

(1) 依据花卉生长所需要的适宜的温、湿度来调节风口的开关,下班关闭温室门窗。

(2) 环境温度的管理。

(3) 阴雨天温、湿度的控制。

(4) 田间要保持整洁,禁止有杂草,严禁随意丢弃病坏花、叶、果等杂物。物品摆放整齐有序,生产用工具要做到专棚专用,缓冲间及两侧道路要做到每日清理。进入作业区要更换作业服,每日下班前关温室门窗。

(二) 记录资料

(1) 每日分早、中、晚3次记录温、湿度。

(2) 具体记录农事操作:使用药剂名称、打药时间、药剂浓度以及用量;浇水时间、大概的用水量;肥料名称、肥料使用时间及用量;每日的工作内容。

(3) 具体记录花卉每个月的产出情况,做好生产档案。

(4) 安全用电。

四、作业

将记录结果整理成论文或报告。

实践 4　温室的设计

一、实践目的

掌握温室的功能、主要结构。

二、用品

笔、作图纸等。

三、步骤

（1）教师集中讲解温室的功能、主要结构，并用视频展示建造温室的主要步骤。

（2）学生实地参观温室，掌握温室的选址及主要结构等知识。

（3）学生分散实践，对照指导资料，完成作业。

四、作业

根据华南地区的气候特点，试设计一个小型花卉栽培或观赏温室，画出设计图，并标明面积、比例、报价等。教师根据实际情况，选择实时指导或集中答疑。

实践 5　花卉栽培设施参观与评价

一、实践目的

通过各种花卉设施的参观介绍，了解花卉设施的种类、结构、形式、建筑特点及使用情况，为花卉进行保护栽培，满足一定的生产需求提供指导。

二、用品

皮尺、钢卷尺等。

三、步骤

花卉栽培比一般农作物栽培要求更加精细，而且要求做到反季节生产，四季有花、周年供应，以便满足花卉市场对商品花的要求。因此，进行花卉栽培和生产，光有圃地是远远不够的，还必须具备一定的设施条件。花卉常用的设施有温室、塑料大棚、荫棚、风障和阳畦等。在设施内进行花卉栽培又称花卉设施栽培，或保护地栽培。

为了满足花卉生产的需要，在正规的花场里，除应具有与生产量适应的花圃土地外，还应配备温室、荫棚、塑料大棚或小棚、温床、地窖、风障、上下水道、储水池、水缸、喷壶、花盆、胶管和农具等。在创办花场或花圃时，需全面考虑，统一安排，做到布局合理，使用方便。

(1) 以参观点负责人介绍为主，重点了解各种设施所属保护地的历史、种类、结构、建筑特点及使用情况等。

(2) 学生分组进行某些性能指标测定，如温室跨度，南向坡面倾斜度，繁殖床高、宽，室内照度，温、湿度等。

四、作业

对所测指标进行综合分析，并评价各类设施的优缺点。

第12章 花卉的繁殖、栽培、管理养护

 实践1 花卉种子的采收与调制

一、实践目的

通过实践使学生明确种子采收与处理的意义，掌握常见花卉种子的采收、调制方法。

二、材料、用品

（1）材料：鸡冠花、百日红、万寿菊等。

（2）用品：枝剪、种子袋、标签等。

三、步骤

（一）鸡冠花

1. 采种

鸡冠花胞果成熟期为9—10月，胞果为卵形。种子黑色有光泽。采种时，选择生长健壮植株，且要求其花冠形态端庄，花大，采收冠中部的种子。

2. 处理

采回来的种子，晒干后净种用纸袋或玻璃瓶盛装储藏，并做好种子的登记工作。通常鸡冠花种子可储藏3～4年。

（二）百日红

1. 采种

百日红的花期达100天左右。种子在10—11月成熟，成熟后花、果宿存，花色与花形经久不变，可将整个花序剪下，扎成一束。

2. 处理

处理方法比较简单，将扎成束的百日红花序悬吊于通风干燥凉爽处，留待翌年播种用。

（三）万寿菊

1. 采种

采种于花谢后，撕开总苞，见瘦果黑色时进行。采收后要立即做好种子登记。

2. 处理

采回来的种实，晒干，揉出种子，净种，再经干燥后可瓶装储藏，要附上标签，记录品种名称、花色、花期、采种地点、采种时间、采收人等。通常万寿菊种子可储藏 4 年。

四、作业

总结如何进行花卉种子的采收与处理。

实践 2　花木种子的检测

一、实践目的

种子的检测是鉴定种子的品质及其发芽能力的重要手段，通过实践，使学生掌握常规种子品质检测的方法。

二、材料、用品、试剂

（1）材料：供实践的种子，如黄槐种子、桉树种子、鸡冠花种子、大叶相思种子等。

（2）用品：天平（1/100）、放大镜、种子铲、盛种瓶、玻璃板、取样匙、直尺（20 cm）、发芽皿、温度计、解剖刀、电水煲、烧杯、镊子、滤纸、纱布、脱脂棉、培养箱等。

（3）试剂：福尔马林、高锰酸钾溶液、酒精。

三、步骤

种子检测包括纯度、重量、含水量、发芽能力（包括发芽率、发芽势）、生活力、优良度六项。本实践仅测试纯度、重量、发芽能力这三项指标。

（一）纯度

如果待测种子批数不多（如少于 10 件）时，可从每件容器的上、中、下 3 个部位抽取等量的初次样品；如果盛种容器超过 10 件时，应从每个容器抽取一个初样并轮流变换抽样的部位。取样可用锥形取样器，或徒手取样，将所有初样混合均匀即为混合样品。

1. 取样

将混合样品倒在光滑洁净的玻璃板上，用 2 块分样板从纵横 2 个方向将种子充分搅拌混合，然后铺成正方形，中粒种子 5 cm 以下，小粒种子 3 cm 以下。然后用直尺沿对角线把正方形分成四个三角形，把其中相对的两个三角形的种子去掉，再将剩下的三角形内种子充分混匀，按上法继续缩减到接近送检样品。这种方法称为十字区分法。送检样品量，中粒种子约 100 g，小粒种子 100～150 g。

2. 试样的提取

试样的提取用十字区分法或点取法，十字区分法同上。点取法是把种子倒在平滑玻璃板上，充分混合后，铺成正方形，在均匀分布的各点（15～20 点）上用取样匙取出所需种子。

（1）取样：取两份试样，每份中粒种子约 25 g，小粒种子约 5 g，不同种类的种子有所不同。

（2）分别称量两份试样：①试样＜100 g 时，精度为 0.01 g；②试样＜10 g 时，精度为0.001 g。

（3）试样的分析：将两份试样分别铺在玻璃板上，仔细区分纯净种子、废种及夹杂物 3 种成分，并分别称重，精度同上。

3. 试样成分分类标准

（1）纯净种子：完整而发育正常的种子；发育虽不完全但体积大于正常种子一半以上的种

子，外面有轻伤但仍有长出幼苗希望的种子。

（2）废种：发育不完全的种子（瘪粒、空粒、小于正常种子一半的种子），显然不能发芽的种子（损伤的、无皮的、糜烂及受病虫害的种子）。

（3）夹杂物：异类种子，叶片、鳞片、苞芽、果皮、果柄、种翅、小枝、虫蛹、泥沙、石粒等。

4. 分别检查两份试样的分析误差

一份试样三种成分重量之和与该试样原重量的差值如果没有超过表 12-1 容许误差范围，可根据测定结果计算纯度。

表 12-1　容许误差

试样重量	容许误差
＜5 g	0.02 g
5～10 g	0.05 g
11～50 g	0.1 g
51～100 g	0.2 g

5. 计算纯度

纯度计算公式

$$纯度=\frac{纯净种子重量}{试样原重量}\times 100\%$$

结果取两位小数。

6. 比较两份样品的纯度

如果两份样品之间的差异不超过表 12-1 的容许范围，就可以它们的算术平均数作为测定结果。否则要分析第三份样品，取其中差异不超过容许范围的两个样品，计算纯度，将正确结果填入表 12-2、表 12-3、表 12-4。

表 12-2　样品计算纯度

指标		重量/g	纯度/(%)	附注
试样原重				
纯净种子				
废种及夹杂物				
总计				
误差				
废种和夹杂物鉴定				
废种夹杂物	机械损伤的种子			
	受病虫害的种子			
	不健康及发育不良的种子			
	其他植物种子			
	昆虫幼虫			
	其他无生命夹杂物			
总计				

表 12-3　纯度检验中分析二份平行样品的容许误差

两份样品或两份“半”试样的纯度百分比				容许差距	
				半样品间	全样品间
1		2		3	4
99.95	100.00	0.00	0.04	0.23	0.16
99.90	99.94	0.05	0.09	0.34	0.24
99.85	99.89	0.10	0.14	0.42	0.30
99.80	99.84	0.15	0.19	0.49	0.35
99.75	99.79	0.20	0.24	0.55	0.39
99.70	99.74	0.25	0.29	0.59	0.42
99.65	99.69	0.30	0.34	0.65	0.46
99.60	99.64	0.35	0.39	0.69	0.49
99.55	99.59	0.40	0.44	0.74	0.52
99.50	99.54	0.45	0.49	0.76	0.54
99.40	99.49	0.50	0.59	0.82	0.58
99.30	99.39	0.60	0.69	0.89	0.63
99.20	99.29	0.70	0.79	0.95	0.67
99.10	99.10	0.80	0.89	1.00	0.71
99.00	99.09	0.90	0.99	1.06	0.75
98.75	99.09	1.00	1.24	1.15	0.81
98.50	99.74	1.25	1.49	1.26	0.89
98.25	99.49	1.50	1.74	1.37	0.97
98.00	98.24	1.75	1.99	1.47	1.04
97.75	97.99	2.00	2.24	1.54	1.09
97.50	97.74	2.25	2.49	1.63	1.15
97.25	97.49	2.50	2.74	1.70	1.20

表 12-4　两份样品或两份“半”试样的纯度百分比

两份样品或两份“半”试样的纯度百分比				容许差距	
				半样品间	全样品间
1		2		3	4
97.00	97.24	2.75	2.99	1.78	1.26
96.50	96.90	3.00	3.49	1.88	1.33
96.00	96.49	3.50	3.99	1.99	1.41
95.50	95.99	4.00	4.49	2.12	1.50
95.00	95.49	4.50	4.99	2.22	1.57
94.00	94.99	5.00	5.99	2.38	1.68

续表

两份样品或两份“半”试样的纯度百分比				容许差距	
				半样品间	全样品间
1		2		3	4
93.00	93.99	6.00	6.99	2.56	1.81
92.00	92.99	7.00	7.99	2.73	1.93
91.00	91.99	8.00	8.99	2.90	2.05
90.00	90.99	9.00	9.99	3.04	2.15
98.00	89.99	10.00	11.99	3.25	2.30
96.00	87.99	12.00	13.99	3.49	2.47
84.00	85.99	14.00	15.99	3.70	2.62
82.00	83.99	16.00	17.99	3.90	2.76
80.00	81.99	18.00	19.99	4.07	2.88
78.00	79.99	20.00	21.99	4.23	2.99
76.00	77.99	22.00	23.99	4.37	3.09
74.00	75.99	24.00	25.99	4.50	3.18
72.00	73.99	26.00	27.99	4.61	3.26
70.00	71.99	28.00	29.99	4.71	3.33
65.00	69.99	30.00	34.99	4.86	3.44
60.00	64.99	35.00	39.99	5.02	3.55
50.00	59.99	40.00	49.99	5.16	3.65

（二）重量

重量的测量可用百粒法及千粒法。

1. 百粒法

（1）提取实践样品：将纯净的种子倒在光滑洁净的玻璃板上，充分混合，用十字区分法连续区分到接近测定所需的量。

（2）点数种子：从提取的试样中不加选择地点数种子，每5粒一小堆，两小堆合并成10粒一堆，由10堆合并成100粒为一组。用同样方法点数种子到第八组。

（3）称重：分别称量各组重量，记下读数填入表12-5，各重复称量精度与纯度测定相同。

表12-5　种子百粒重测定记录表

种子组号	重量/g	附注

续表

种子组号	重　量/g	附　注
平均种子百粒重		

(4) 计算百粒重：根据 8 个组的称重读数，按下列公式计算标准差及变异系数。

标准差：
$$s=\sqrt{\frac{n\left(\sum x^{2}\right)-\left(\sum x\right)^{2}}{n(n-1)}}$$

式中：n 为重复数；x 为各重复组重量(g)。

变异系数：
$$v=\frac{s}{x}\times 100$$

如果变异系数不超过 4.0，则可以计算结果。如果变异系数超过 4.0，则应再做 8 个重复，称量，并计算 16 个重复的标准差，凡与平均数相差 2 倍标准差的重复实践，则略去不计，将 8 个组以上的 100 粒种子平均重量乘 10，即为种子的百粒重，其精度要求与称量相同。

2. 千粒法

(1) 提取实践样品(同上)。

(2) 点数种子和称量：同上法点数种子，1000 粒为一组，共数 2 组。分别称量，记下读数。

(3) 计算千粒重：从 2 组的重量求出算术平均值，如果 2 组的差异超过 5%，则进行第 3 次称量，选取其中差异小于 5%的 2 组计算千粒重。

(三) 发芽能力

发芽能力主要是测定发芽率。

1. 提取实践样品

将经过纯度分析的纯净种子，倒在玻璃板上，充分混合后，随机选取 100 粒为一组，共 4 组，每组可多数 1～2 粒，以防丢失。

2. 消毒处理

(1) 用具消毒：仔细洗净发芽器、镊子、纱布，用沸水煮 10 min，脱脂棉、滤纸装在盒中蒸 30 min 左右，也可在干燥箱中 105 ℃消毒 30 min(滤纸、脱脂棉、纱布要装在有盖的盒内)。发芽培养箱用 0.15%的福尔马林喷洒后密闭 2～3 天后使用。

(2) 种子消毒：可用高锰酸钾溶液、福尔马林、过氧化氢溶液等。处理方法如下。

①高锰酸钾溶液：将实践样品倒入小烧杯中，注入 0.2%高锰酸钾溶液，消毒 30 min，倒出药液，不必用清水洗，直接置床。

②福尔马林：先将装有实践样品的纱布袋置于小烧杯中，注入 0.15%的福尔马林，以浸没

种子为度，随即盖好烧杯，闷 15～20 min，取出后用清水冲洗数次。

③过氧化氢溶液：将装有试样的小纱布袋置于小烧杯中，注入 35%的过氧化氢溶液，以浸没种子为度，随即盖好烧杯，种子皮厚的处理 2 h，一般种子处理 1 h，种子皮薄的处理 0.5 h，取出后直接置床。

3. 浸种

适用于福尔马林消毒的种子。一般用 45～50 ℃温水浸种 24 h，豆科植物种子用沸水煮 10～15 s，立即转入 70 ℃热水中，自然冷却，浸种 24 h。浸种处理每天换水 1～2 次。

4. 置床

一般大、中粒种子用沙床或土床，小细粒种子用纸床。

(1) 用培养皿垫厚 0.5 cm 的脱脂棉，上面盖一张滤纸作为发芽床，加蒸馏水或冷开水湿润发芽床，用镊子轻压床面，以四周不出现水膜为宜。

(2) 将 4 组种子分别置床，按一定的顺序用镊子逐粒安放在发芽床上。每个培养皿 100 粒，种粒的间距相当于种粒直径的 1～4 倍。

(3) 用铅笔在标签上注明组号、实践样品号、日期、姓名，贴在培养皿外缘以示区别。

(4) 将发芽皿盖好，放入 25～28 ℃的恒温培养箱内。如室温在此范围，也可利用室温。

(5) 观察记载：以置床的当天作为发芽实践的第 1 天，以后第 3 天、第 5 天、第 7 天、第 10 天，之后每隔 5 天观察统计发芽数，直至规定日期为止，并将发芽情况记录于自制表中。

长出正常胚根，大、中粒种子胚根长度大于种粒的 1/2，小粒种子胚根长度不短于种粒全长，算出发芽粒数，随即检出。

种粒内含物腐烂成胶状体无生命的种粒，称为腐烂粒，应及时剔除。

5. 发芽实践管理

(1) 经常加水，保持发芽床一定的含水量，以加水后种粒四周不出现水膜为宜。

(2) 将感染发霉的种粒拾出，用蒸馏水或冷开水冲洗数次，再用 0.15%高锰酸钾溶液消毒后放回原处，如果有 5%以上种粒发霉，则应更换发芽床。

(3) 检查发芽培养箱的温度，24 h 内温度变化幅度不得超过 1 ℃。

(4) 应该经常揭开发芽皿的盖子片刻，以便于通气。

6. 统计

到达发芽终止日期，分组用切开法对未发芽的种粒进行补充鉴定，分别按下列几类统计：①新鲜健全粒；②腐烂粒；③空粒。

7. 计算发芽实践结果

根据观察记录结果，分别计算各组发芽率与发芽势。

$$\text{发芽率}=\frac{\text{发芽种子数}}{\text{供实践种子数}}\times 100\%$$

$$\text{发芽势}=\frac{\text{发芽期最初 1/3 天数发芽种子数}}{\text{供实践种子数}}\times 100\%$$

四、作业

计算各组发芽率与发芽势，分析总结。

实践 3　花卉种子的简易发芽实践

一、实践目的

了解常规的种子品质检测的方法及掌握种子发芽条件。

二、材料、用品

（1）材料：各种花卉的种子。
（2）用品：发芽皿、镊子、滤纸等。

三、步骤

（一）取样

送检样品量，中粒种子约 100 g，小粒种子 100～150 g。

（二）测定种子纯度

1. 实践样品的提取
样品成分分类标准：纯净种子、废种、夹杂物。
2. 计算纯度
纯度公式：

$$纯度=\frac{纯净种子重量}{试样原重量}\times 100\%$$

（三）测定种子重量

测定种子重量可用百粒法及千粒法。

（四）发芽能力

发芽能力主要是测定发芽率。
1. 提取实践样品
将经过纯度分析的纯净种子，倒在玻璃板上，充分混合后，随机选取 100 粒为一组，共 4 组，每组可多数 1～2 粒，以防丢失。
2. 消毒处理
（1）用具消毒：仔细洗净发芽器、镊子、纱布，用沸水煮 10 min，脱脂棉、滤纸装在盒中用水蒸 30 min 左右，也可在干燥箱 105 ℃消毒 30 min（滤纸、脱脂棉、纱布要装在有盖的盒内）。发芽培养箱用 0.15%的福尔马林喷洒后密闭 2～3 天后使用。
（2）种子消毒：0.2%高锰酸钾溶液，消毒 30 min，倒出药液，不必用清水洗，直接置床。

0.15%的福尔马林闷 15～20 min，用清水冲洗数次再置床。35%的过氧化氢溶液，种皮厚的浸没 2 h，一般种子浸没 1 h，种皮薄的浸没 0.5 h，取出后直接置床。

3. 浸种

每天换水 1～2 次。

4. 置床

一般大、中粒种子用沙床或土床，小细粒种子用纸床。

(1) 用培养皿垫厚 0.5 cm 的脱脂棉，上面盖一张滤纸作为发芽床，加蒸馏水或冷开水湿润发芽床，用镊子轻压床面，以四周不出现水膜为宜。

(2) 将 4 组种子分别置床，种粒的间距相当于种粒直径的 1～4 倍。

(3) 用铅笔在标签上注明组号、实践样品号、日期、姓名，贴在培养皿外缘以示区别。

(4) 将发芽皿盖好，放入 25～28 ℃的恒温培养箱内。

(5) 观察记录：以置床的当天作为发芽实践的第 1 天，以后第 3 天、第 5 天、第 7 天、第 10 天，之后每隔 5 天观察统计发芽数，直至规定日期为止，并将发芽情况记录。

5. 发芽实践管理

(1) 经常加水，保持发芽床一定的含水量，以加水后种粒四周不出现水膜为宜。

(2) 将感染发霉的种粒拾出，用蒸馏水或冷开水冲洗数次，再用 0.15%高锰酸钾溶液消毒后放回原处，如果有 5%以上种粒发霉，则应更换发芽床。

(3) 检查发芽培养箱的温度，24 h 内温度变化幅度不得超过 1 ℃。

(4) 应该经常揭开发芽皿的盖子片刻，以便于通气。

6. 统计

到达发芽终止日期，分组用切开法对未发芽的种粒进行补充鉴定，分别按下列几类统计：①新鲜健全粒；②腐烂粒；③空粒。

7. 计算发芽实践结果

分别计算各组发芽率与发芽势。

$$发芽率=\frac{发芽种子数}{供实践种子数}\times 100\%$$

$$发芽势=\frac{发芽期最初\ 1/3\ 天数发芽种子数}{供实践种子数}\times 100\%$$

四、作业

计算各组发芽率与发芽势，统计实践结果并进行分析。

实践 4　培养基质的配制与消毒

一、实践目的

花卉种类繁多，对栽培基质的要求各不相同。满足花卉生长发育的基本条件，必须配制合适的培养土。通过实践，要求学生了解各类花卉常见的栽培用土，掌握一般培养土的配制方法。

二、材料、用品

（1）材料：园土、落叶、厩肥、人粪尿、河沙、堆肥土、泥炭、蛭石、水藓、椰子纤维、骨粉、砻糠灰、塘泥、针叶土等。

（2）用品：铁锹、筐、筛子等。

三、步骤

1. 腐叶土的配制

按一定比例将园土、落叶厩肥、人粪尿等分层堆积成塔状，从塔顶中心倒入人粪尿后，以塑料膜或塘泥密封。半月至 20 多天翻动一次，1～2 个月即可制成腐熟的腐叶土。将腐叶土与河沙按不同比例混合，可制成各种用途的栽培用土。

2. 常用盆栽用土配制方法（按体积计）

园土 6 份＋腐叶土 8 份＋黄沙 6 份＋骨粉 1 份或泥炭 12 份＋黄沙 8 份＋骨粉 1 份等。

3. 按下列配比配制各类花卉培养土

（1）一般草花类：腐叶土或堆肥土 2 份＋园土 3 份＋砻糠灰 1 份。

（2）月季花类：堆肥土 1 份＋园土 1 份。

（3）一般宿根类：堆肥土 2 份＋园土 2 份＋草木灰 1 份＋细沙 1 份。

（4）多浆植物类：腐叶土 2 份＋园土 1 份＋黄沙 1 份。

（5）茶类、杜鹃类：腐叶土 9 份＋黄沙 1 份；壤土 1 份＋腐叶土（或泥炭）3 份＋黄沙 1 份。

（6）秋海棠类、地生兰类、气生兰类和热带凤梨类：椰子纤维或木炭块。

4. 按不同用途配制介质

（1）扦插介质：珍珠岩＋蛭石＋黄沙（1∶1∶1）（上海）或壤土＋泥炭＋沙（2∶1∶1），每 100 L 另加过磷酸钙 117 g，生石灰 58 g（国外）。

（2）育苗介质：泥炭＋砻糠灰（1∶2），或泥炭＋珍珠岩＋蛭石（1∶1∶1）（上海）。

（3）假植及定植用土：腐叶土＋河沙＋园土（4∶2∶4 和 4∶1∶5）。

四、作业

自制表格填写堆肥土、腐叶土、草皮土、针叶土、泥炭土、沙土等栽培用土的形成特点、通透性、养分含量、腐殖质、酸碱度等。

 实践5　花卉的播种育苗

一、实践目的

通过实践，掌握常用草本花卉的播种育苗方法。

二、材料、用品

（1）材料：鸡冠花、百日红、万寿菊、凤仙花、常用杀菌剂、磷肥等。

（2）用品：三斤盆、五斤盆、播种箱、开水煲、大烧杯、温度计、花铲、花洒等。

三、步骤

1. 播种时期

（1）春播：如鸡冠花、百日红、万寿菊、凤仙花等。

（2）秋播：如三色堇、紫罗兰、一串红等。

2. 播种用盆及基质

（1）用盆。

①花盆：可选用三斤盆、五斤盆或七斤盆。花盆要洗干净。

②播种箱：规格有60 cm×30 cm×10 cm等，下有排水孔，目前已大量用塑料播种箱。

（2）基质：要求用富含腐殖质、疏松，肥沃的壤土或沙质壤土。一般可用园土2份，沙1份，草木灰1份混合均匀，消毒处理后，加入磷肥，磷肥用量1 kg/m^3。

还可以用塘泥，要求质量较好，不易淋溶。塘泥预先敲碎备用。

3. 播种方法(主要介绍盆播方法)

（1）播种床准备：播种盆用瓦片凸面朝上盖住排水孔，填入直径约2 cm的粒土，以利于排水，随后填入培养土至八成满，拔平轻轻压实，待用。

（2）浸种处理：可用常温水浸种一昼夜，或用温热水（30～40 ℃）浸种数小时，然后除去漂浮杂质以及不饱满的种子，再取出种子进行播种。太细小的种子可不经过浸种这一步。

（3）播种。

①细小种子如金鱼草种子等，可渗混适量细沙撒播，然后用压土板稍加镇压。

②其他种子如凤仙花种子、一串红种子、万寿菊种子等可用手均匀播撒，播撒后用细筛筛取营养土覆盖，以不见种子为度。

（4）淋水：采用“盆浸法”，将播种盆放入另一较大的盛水容器中，入水深度为盆高的一半，由底孔徐徐吸水，直至全部营养土湿润。播撒细粒种子时，可先让盆土吸透水，再播种。

4. 播后管理

播种盆宜放在通风、没有太阳直射以及不受暴雨冲刷的地方。盆面上盖上玻璃片保持湿润，不必每天淋水，但每天要翻转玻璃片，湿度太大时要架起玻璃片一侧，以便于透气。也可以不用玻璃片，而改用倒盖花盆的方法。

花草种子一般3～5天或1～2个星期即萌动，这时要把覆盖物除去，逐步见阳光，并加强

水分管理,使幼苗茁壮成长。幼苗太密时应间苗,间完苗后要淋一次水。出苗后还要密切注意病虫害发生的情况。一般出苗后 15～30 天进行移苗。

四、作业

实践完成后进行小结,总结花卉播种育苗的关键技术。

 实践6 花卉的扦插育苗

一、实践目的

通过扦插实践，掌握草本花卉常规扦插育苗方法。

二、材料、用品

(1) 材料：一串红、菊花、彩叶草、万年青等。

(2) 用具：枝剪、塑料盛水盆、大烧杯、小烧杯、花洒、杀菌剂、高锰酸钾溶液、催根剂等。

三、步骤

(一) 插床的准备

可用花盆或大扦插床。实践用五斤盆作为插床。

取五斤盆，内外冲洗干净，在排水孔垫上一块瓦片。用塑料盆盛半盆中粗沙，反复冲洗干净后，捞起放入洗净的花盆中，每盆盛沙八九成满，沥干水备用。

(二) 插穗剪枝，处理及扦插方法

1. 菊花、大丽花、彩叶草等草本花卉的嫩枝插

选取健壮的嫩梢，长5～10 cm，在近节处截断，顶端留1～2片叶子，叶子可剪去一半。插穗经消毒冲洗干净后，用催根剂处理，然后用黏土做成花生米大小软硬适宜的团子包在插穗切口上。用竹子在基质上打一个孔，放入插穗，轻轻压实。全盆扦插完后浇水使插穗与插床紧贴。

2. 山茶、朱槿、宝巾等常绿木本花卉的绿枝插

选取健壮的半木质化的枝条，以2～3节为一段，留顶端1～2片叶子，下端在靠近节位处切断，切口要平滑，消毒并用催根剂处理后，用竹竿打洞，深度为1/2～2/3插穗长度，轻轻压实。整盆擦完后淋透水，放半阴凉或30%透光的荫棚中管理。

3. 一品红、木芙蓉、小叶紫薇等落叶木本花卉的硬枝插

选取木质化较粗的枝条，每段长10 cm，带3～4个芽，于近节处切断，切口宜平。冲洗干净后，用竹竿打洞，垂直插入插床中，深度1/2～2/3插穗长度，也可斜插，埋入深度可达2/3。插后浇水。

4. 其他

万年青、龙脷叶等用枝剪或利刀切成一段一段的，长度为2～3个芽。晾干或两端沾上草木灰，然后直接埋浸润沙床中，置于阴凉不淋雨水的地方，待2～3天盆面沙发白时再淋少量水，平时保持湿润至发根出芽为止。若带叶扦插时要增大空气湿度。

（三）注意

上述各种类型花卉的扦插方法，具体操作时还需要考虑选择适宜的季节，才能有比较高的成活率和生产价值。

实践时还可以设计不同浓度的激素、不同的环境条件，以摸索最佳扦插处理、管理方法。

四、作业

实践完毕后进行小结，统计成活率，总结花卉的扦插育苗方法。

实践 7　花卉的嫁接

一、实践目的

通过实践，使学生掌握嫁接技术的原理，常用的嫁接方法，熟练掌握嫁接方法。

二、材料

桂花、变叶木、一品红、花叶垂榕、杜鹃、朱槿、月季花、茶花、仙人球等。

三、步骤

1. 劈接

(1) 削接穗：接穗长 5～8 cm，含 2～3 个饱满的芽，在接穗下端用利刀削长 2～3 cm 的斜面，要求削得平滑。再在该削面的反面削同样的斜面，使前后削面对称形成楔形。

(2) 切砧木：常绿种类接口较高，接口以下一般会留些叶子，落叶种类接口较低，通常离地 5～10 cm。把砧木于该嫁接部位截断，用刀削平截口，然后依接穗大小选适当的位置垂直切下，深度为 2～3 cm，切口要求光滑平整。

(3) 接口与绑扎：将削好的接穗接入砧木切口，要求两边形成层对准，如果砧穗相差太大时，要求一边的形成层对准。接穗插入深度要求仅露出一点伤口，以便于愈合。然后用塑料薄膜带自下而上一圈压一圈压紧，在切口处打一个活结抽紧即可。

(4) 套袋：用一块大小适当的薄膜片，卷包着砧木伤口处及接穗，拉直拉齐成筒状，然后对折，在伤口处用绳扎紧。注意套袋要求，把接口以下 2～3 cm 都包进去。

(5) 管理：经常观察，缺水时淋水，并检查接口以下的萌芽，成活后可解开套袋，一个月后解开接口处绑扎的塑料带。

2. 腹接

(1) 削接穗：接穗长 5～8 cm，含 2～3 个饱满的芽。在接穗下端用利刀削长 3 cm 的长斜面，使接穗下端成一个长斜口或长斜面，要求斜面光滑平整。

(2) 切砧木：在离地面 10 cm 左右的高度选较平整的一面，用利刀削入砧木，深度以入砧木木质部为宜。

(3) 接合与绑扎：将接穗插入砧木切口，要求形成层对齐，然后用一条塑料薄膜带自下而上包扎，要求自伤口以下开始包扎，薄膜袋一圈一圈压紧，以防渗雨水或接穗失水。尽量将接穗末端包裹进去，然后在上端打一个活结抽紧即可。

(4) 管理：接好后把砧木末端的芽剪去，并适当抹去侧芽，嫁接成活后可把砧木接口以上部分剪去。

3. 靠接法

(1) 砧木：一般用 1～2 年生实生苗，先用育苗袋栽植，成活、生长稳定后可用作砧木，在离地面 5～10 cm 处选一光滑平面由下向上削一削面，深达木质部，斜面要平滑，长 3～4 cm。

(2) 接穗：在母树上选与砧木一样粗细，生长旺盛的枝条，直接在母树上选一较平的一面由上而下削一刀，长 3～4 cm，深达木质部，斜面要求平滑。

（3）接合与绑扎：将砧木与接穗接合在一起，使两者形成层吻合，然后用绳子把接口绑紧，并把砧木固定好。

（4）管理：每天对砧木进行淋水，并适当施肥，成活后可剪下栽植。

4. 芽接

（1）开芽接位：在砧木离地面 10～20 cm 处选一光滑平面，用芽接刀横割一条长约 1.2 cm 的割痕，再从割痕的两端垂直向下割两刀，各长约 2 cm，成“门”子形，或在割痕中垂直割一刀，成“T”形。深度刚好达木质部，以便容易挑开皮。

（2）取芽片：在生长健壮，芽饱满的接穗上选强壮饱满的芽，在芽上方 0.3～0.4 cm 处横切一刀，深达木质部，再在芽下方 1 cm 处向上削，刀要深达木质部，削下的芽片将木质部轻轻挑去，并整成与芽接口吻合的形状。

（3）插入芽片：用芽接刀的骨片挑开砧木芽接位的皮层，插入芽片使两者紧贴不留空隙，要求两边形成层对准，然后用塑料片自下而上包扎住接口，芽片仅叶柄露出，其余均包扎紧。

（4）管理：1 个星期左右检查，若叶柄轻碰一下会自动掉下来，说明接芽成活，可在萌芽后解开，并把接穗以上大部分砧木剪去，成为一棵新植株，成活后可把接口以上砧木全部剪去。

5. 平接法

平接法主要用于仙人球类植物的嫁接。

（1）砧木：选壮实、肉厚的霸王鞭作为砧木，可接后栽植或种植成活后嫁接。在砧木上端用利刀截断并切平。

（2）接穗：取仙人球，于下端用刀削一个平整的伤口，伤口大小与砧木相当，或略小。

（3）接合绑扎：将仙人球放在砧木上，使两者伤口对接，然后用线或绳固定，使之不动摇，跌落。

（4）管理：嫁接后置于不淋雨水的地方，注意接口千万不宜湿水，成活后可拆去绑扎线。

四、作业

实践完毕后，观察嫁接成活情况，并进行小结。

实践8 花卉的分株繁殖

一、实践目的

通过实践,使学生掌握花卉分株繁殖的方法,了解花卉分株繁殖方法在生产中的应用。

二、材料、用品

(1)材料:兰花、棕竹、丛生蔓绿绒、竹芋等。

(2)用品:花盆、花铲、枝剪、介刀等。

三、说明

花卉分株繁殖是生产中常用的繁殖方法。分株繁殖具有能保持品种性状,易开花、易操作,繁殖迅速等优点而被广泛应用。这种方法只适用于丛生性或有地下茎的花卉,如兰花、棕竹、竹芋、凤梨类、肾蕨等。分株繁殖又称为分生繁殖,包括分株、地下茎、吸茎、鳞茎、球茎等的分生繁殖。

分株繁殖是人为地将植物体分生出来的幼体与母株分离或分割,另行栽植而成为新的植株。分株繁殖要求幼体本身有自身的根系,或具有易发根的特点。一些群生性的花卉,如兰花、竹芋等在分株繁殖时,不宜分得过单,以免影响下一代的生长。

四、步骤

1. 脱盆

分株前一天停止淋水。脱盆时将盆平放,左手抓住盆缘,右手轻拍盆边,并缓慢转动,然后左手紧握植株根茎处往外轻拉,右手用小木棒从排水孔轻推,就可把植株连同泥脱出,再轻轻敲散泥头。

2. 分株

将根系上的泥土轻轻去掉,不要过分损伤根系,提起植株观察,将幼体从其与母体连接处切开。兰科植物等发根能力弱者,幼体要粗壮并具3条以上根才能单独分开,若不满足此条件,应带一个母株从老株上分割。

3. 修整

将烂根剪去,并对植株上过多的叶子进行修剪,若为单子叶植物,可不剪叶。

4. 定植

将植株分离后,母体种回原盆,幼株另盆种植。兰科等群生性种类,母体可3~5个种一盆,幼体3~5个种一盆,且使长芽面朝向盆边。

五、作业

认真操作,细心观察,将方法和心得体会写成实践报告,并说明操作过程中的注意事项。

 实践 9　花卉的上盆与定植

一、实践目的

通过实践，掌握盆栽花卉的上盆与定植方法。

二、材料、用品

(1) 材料：扦插苗，如一串红、彩叶草等。

(2) 用品：枝剪、花铲、泥刀、花洒、花盆等。

三、步骤

(一) 上盆(假植)

1. 扦插苗

一般用营养杯或三斤盆。

以三斤盆为例，先在盆底放一片瓦片，加入直径为 0.5～0.8 cm 的泥粒，再加入一层厚度为 0.5 cm 的基肥。

取 2～3 株苗，分放于盆两侧或呈“品”字形。然后取直径为 0.3～0.5 cm 的泥粒，加到苗的根颈为止，将苗扶正，轻摇实盆土。

用细花洒淋水至盆底出水为止，移到阴处 2～3 天，即可进入正常管理。

2. 播种苗

在三斤盆中放入直径为 0.5～0.8 cm 的泥粒，至七成满。用细花洒淋水一圈，使盆土吸收一定水分。

用竹片将苗根起出，在假植盆中插一个小孔，将苗根部放入，用手捏少许泥粉加入孔中及四周。

同样方法每盆植 2～3 株。

种完后用细花洒淋一遍定根水，移到阴处，片刻再用细花洒淋水到盆土湿透为止。2～3 天后进入正常管理。

(二) 定植

(1) 把备好的基质，放入定植盆中，深度为盆高的 1/3。

(2) 取假植苗，一手按着土面，把盆反转使基质与苗一起脱出，将苗底的瓦片取出，用手压着，将苗与基质一起翻正过来。

(3) 将上述苗轻轻放入定植盆中央(注意假植苗尽量不要散泥)，在四周放入一定量基肥，然后用花铲铲入种植土至八成满，用手轻轻压实。

(4) 淋定根水至盆底流出水为止。如若根部泥松散，应置于阴凉处几天。

四、作业

实践完毕后进行小结，总结花卉上盆与定植的意义和方法。

 实践 10　花卉的换盆

一、实践目的

通过实践，使学生明确换盆对花卉生长发育的意义，掌握多年生花卉换盆的基本方法。

二、材料、用品

（1）材料：各种类型的花圃盆栽花卉。

（2）用品：花铲、泥刀、花洒、枝剪等。

三、步骤

换盆分为两种情况：一是由小盆逐渐换到较大的盆，如三斤盆、五斤盆、七斤盆、十斤盆到单烧盆等。换盆的过程仅是脱盆，然后植入大一规格的定植盆中，其间不用松散泥球。另一种情况是不需要更换更大的定植盆，仅为了修剪根系以及更换新的营养土，定植盆如果不破损，可以不换。

（一）由小盆换到大盆

1. 栽植时间较短，极系较小的小苗

取盆栽小苗，用手按紧营养土面，把盆反转，用拇指按压排水孔内瓦片，使基质与苗一起脱出，把苗底的瓦片取出，用手压着，把苗与基质翻正过来，放入备好基质的大一级花盆的中央。然后用花铲加入种植土于四周及盆面，加至八成满即可，然后轻轻摇实。淋定根水至底孔排水。

如果种植时太高，露出盆面时，应在种植时将根部泥球底去掉一部分，或在定植盆底时减少基质的量，使栽植深度适宜。

2. 栽植时间较长，根系庞大的大苗

（1）将备好的基质放入大一规格的定植盆中，深度为盆深的 1/3。当然盆底孔同样要垫瓦片。下层基质要求疏松，利于排水，然后用水扳平盆底部的营养土。

（2）取要换的盆栽苗，先用花铲沿花盆边缘向下铲松，使盆土、根系与花盆脱离，然后把花盆斜放在地上，用一根短木棒顶花盆底孔内瓦片，使植株与花盆分离，将植株连同土块一起小心拉出盆外。一般要求抓住植株近根部(基部)，并且不宜打破花盆。

（3）取出的植株，如根系有盘根，应适当修剪，如无盘根，可直接放入定植盆中央，在四周铲入基质至八成满，比原来栽植深度稍深。上面这层基质可用稍粗的泥粒。

（4）栽植完后摇实，洒定根水至盆底孔出水为止。

（5）修剪过根系的植株，枝叶一般应适当修剪，或置于阴凉处几天，恢复生长后才进入正常管理。

（二）换泥不换盆

（1）备好栽植基质。

（2）用上述方法使花卉植株脱盆。然后用花铲将泥球外缘削去1/3～1/2，并用枝剪对根系进行修剪，主要把盘根、粗根剪短，促发新根。盆泥板结的应多换盆土，盘根多、长的，应多修剪。根系修剪后，枝叶也要适当地修剪。

（3）把脱出的盆底清理干净，垫上瓦片，下面放入一层较粗的培养基质，然后扳平，把修剪好的植株放入定植盆中央，四周加入基质，最后盆面也加入一层较粗的基质，至八成满为止。摇实，扶正植株，再摇实。

（4）淋定根水至盆底孔出水为止，放阴凉处恢复生长。

上述换盆过程中如果是大苗大缸，在四周加入基质的过程中，应边加基质边沿缸边用棒压实，以免漏空，使栽后花卉植株出现倾斜。

四、作业

实践完毕后进行小结，归纳换盆过程及方法。

实践 11　花卉的繁殖与栽培

一、花卉的扦插育苗技术

（一）实践目的

通过扦插实践，使学生掌握草本花卉常规扦插育苗方法。

（二）材料、用品

（1）材料：农场植物。
（2）用品：枝剪、锄头、小铲、水桶等。

（三）步骤

（1）插床的准备：在大棚里找一块空地，松好土并平整好，用作插床。
（2）插穗剪枝，处理及扦插方法。
①叶插：选取长势较好的叶片，冲洗干净切口后，将全叶或叶的一部分整齐地插入土中，轻轻压实。
②枝插：选取健壮的嫩梢，长 5～10 cm，在近节处截断，顶端留 1～2 片叶子，叶片可剪去一半。插穗经冲洗干净后，用竹竿在插床基质上打一个孔，将冲洗干净后的插穗放入其中，轻轻压实。
③茎插：选取较健壮的茎，斜切截断，将插穗切口用清水冲洗干净，插入基质中，轻轻压实。
（3）扦插完成后浇水，使插穗与插床紧贴。一个月后观察并记录插穗的成活情况。

（四）作业

归纳花卉的扦插育苗技术。

二、花卉的分株繁殖、上盆与定植、换盆

（一）实践目的

了解花卉分株繁殖技术在生产中的应用；掌握盆栽花卉的基本种植技术；明确换盆对花卉生长发育的意义，掌握多年生花卉换盆的基本方法。

（二）用品

花盆、花铲、枝剪、介刀、竹竿等。

(三) 步骤

(1) 脱盆:分株前一天停止淋水。脱盆时将盆平放,左手抓住盆缘,右手轻拍盆边,并缓慢转动,然后左手紧握植株根茎处往外轻拉,右手用小木棒从排水孔轻推,就可将植株连同泥脱出,再轻轻敲散泥头。

(2) 分株:将根系上的泥土轻轻去掉,不要过分损伤根系,提起植株观察,将幼体从其与母体的连接处切开。兰科植物等发根能力弱者,幼体要粗壮并具3条以上根才能单独分开,若不满足此条件,应带一个母株从老株上分割。

(3) 修整:将烂根剪去,并对植株上过多的叶子进行修剪,若是单子叶植物可不剪叶。

(4) 定植:将植株分离后,母体种回原盆,幼株另盆种植。兰科等群生性种类,母体为3～5个种一盆,幼体3～5个种一盆,且使长芽面朝向盆边。

(5) 换盆:将植株由小盆中换为大盆。将备好的基质放入大一规格的定植盆中,深度为盆深的1/3。取要换的盆栽苗先用花铲沿花盆边缘向下铲松,使盆土、根系与花盆脱离,然后把花盆斜放地上,将植株连同土块一起小心拉出盆外。取出的植株放入定植盆中央,在四周铲入基质,取后加至八成满,比原来栽植深度稍深。栽植完成后摇实,洒定根水至盆底孔出水为止。

(四) 作业

总结草本花卉常规扦插育苗步骤。

实践 12　花卉的修剪整形

一、实践目的

通过实践使学生加深了解修剪整形在生产中的作用，掌握各种修剪整形的方法。

二、材料、用品

(1) 材料：菊花、千日红、彩叶草、杜鹃、月季花、茶花、九里香、福建茶等。

(2) 用品：手枝剪、手锯、介刀等。

三、说明

花木的修剪整形是生产中一项重要的日常管理工作，对提高花卉产品的质量与观赏价值均有重要作用。其主要目的是除劣促新，协调生长，塑造形姿，控制开花。在修整时要注意修整的目的和时间及修剪方法。修整的时间与方法主要根据具体目的而定。

四、步骤

1. 剪枝

剪枝有疏剪与短截修剪两种。疏剪是从枝条基部完全剪去，短截是将枝条顶部剪去一部分。疏剪的对象是病枝、枯枝、重叠枝及破坏整体形态的枝条。短截是促进冠幅生长与形态形成，短截时需要枝条向上生长则留内侧芽位，需要枝条向外生长则留外侧芽位。剪枝最好在春季或冬季进行，可用茶花、九里香、杜鹃等作为材料。

2. 剪梢与摘心

剪梢与摘心都是将植株正在生长的枝梢去掉顶部，以促进分枝，调节生长，增多花枝或矮化株形。对于月季花、千日红、一串红等也可以用此法调节花期。作为调节花期的剪梢或摘心，操作时间要根据用花时间而定，如月季花在秋冬季剪后约 40 天开花，春季 35 天左右开花，一串红春至秋季约 25 天开花，冬季约 30 天开花。

3. 剥芽与剥蕾

剥芽与剥蕾是将侧芽或过多的花蕾剥去，目的是促进主枝或主花生长。例如香石竹、菊花等为促进主枝及主花枝的生长经常用此法，去除过多的侧芽或侧蕾，以提高品质。

4. 整形

整形通常采用整剪接合的方法进行。修剪方法如上。整形方法主要有绑扎、引诱等，主要根据造型的目的要求进行整形，使得植株能形成理想的株形。在木本植物中，整形是一项长期的工作，并非一朝一夕可以完成。

五、作业

认真操作，并写出实践总结。

 实践 13　盆花的整形与管理

一、实践目的

对盆花进行整形处理，使盆花株形结构合理，体态优美或具有特定的形式，以增加其观赏性。掌握一般花卉盆花整形的基本手段和方法，以及造型过程中的养护管理。

二、材料、用品

（1）材料：盆栽花卉，如盆栽菊。

（2）用品：支架、枝剪；有机肥料、化学肥料等。

三、步骤

1. 脚芽扦插

11 月间，将其栽植在直径为 10 cm 左右的小盆中，培养土用沙质土壤，半月内每天浇水，半月后施薄肥，开始时任其向上生长，不摘心，使其在冬季长到 30 cm 左右即可扦插。以 4—6 月为适期，矮性品种宜早插，高性品种宜迟插；留枝多者早插，少者迟插。插穗以长 8～10 cm，具 3～4 节为宜(取上部枝条为好)。扦插基质以沙土为宜，插后约 2 周生根，再移至直径为 13 cm的盆或露地苗床。

2. 整形

依整枝方式而定。

（1）一段根法：直接利用扦插繁殖的菊苗栽种后形成开花植株，上盆一次填土，整枝后形成具有一层根系的菊株。

（2）二段根法：与一段根法相似。

①用扦插苗上盆，第一次填土 1/3～1/2。

②经整枝摘心后形成侧枝。

③当侧枝长至一定长度时，分 2 次将其移入盆内。

④覆土促根(第二段根)。

3. 摘心与抹芽剥蕾

盆菊摘心依栽培类型而定(以独本菊和多本菊为例)。

（1）独本菊。

①在秋末冬初选定“脚芽”扦插后，4 月初移至室外，分苗上盆。

②5 月底摘心，留高 7 cm 左右。

③当茎上侧芽长出后，顺次由上而下逐步剥去，选留最下面的一个侧芽。

④8 月上旬当所选留芽长至 3～4 cm 时，从芽以上 2 cm 处，将原有茎叶全部剪除，完成更新。

⑤入秋后依植株大小换盆，并加施底肥，以促进根系及加速植株生长。

（2）多头菊通常留花 3～5 朵，多者 7～9 朵。

①当苗高 10～13 cm 时，留下部 4～6 个叶摘心。

②侧枝生 4～5 片叶时，留 2～3 片叶再次摘心。

③每次摘心后，除欲保留的侧芽外，其余及时剥去，以集中营养供植株生长。

④侧芽高 15～20 cm 时，定植于直径为 25 cm 的大盆中，并增大盆土中腐叶土的占比。

⑤9 月现蕾后，每枝顶端花蕾较大，开花早，下方 3～4 年侧蕾应分 2～3 次剥去，保证顶蕾（或正蕾）开花硕大。

4. 管理

（1）苗生长期应经常施肥，可用豆饼水、复合肥等。小苗 7～10 天一次，立秋后 5～6 天一次，浓度稍大些；现蕾后 4～5 天一次。

（2）菊花须浇水充足才花大色艳，尤以花蕾出现后需浇水更多。

（3）为防倒伏，可设支架。

四、作业

盆花的整形有哪些方法与途径？比较这些方法与途径的优缺点。

 实践 14　花卉的无土栽培

一、实践目的

通过实践使学生了解花卉无土栽培的方法与技术，比较无土栽培与常规栽培对花卉生长的影响，为日后推广应用打下基础。

二、材料、用品

（1）材料：千日红、白蝴蝶种苗。

（2）用品：胶盆（12 cm）、塑料薄膜、直尺、粗天平、烘箱、牛皮滤纸、标签、硝酸钾、硝酸钙、过磷酸钙、硫酸镁、硫酸铁、硼酸、硫酸锰、硫酸锌、硫酸铜、钼酸铵等。

三、步骤

无土栽培是不用土壤而采用无机化肥溶液，也就是营养液栽培植物的技术。无土栽培可分为完全用水溶液种植物的水培法和用非土壤基质固定栽培的基质培法两大类。无土栽培中关键的是营养液的配制与 pH 的控制，营养液主要由大量元素和微量元素组成，目前使用的配方很多，不同的配方矿物质的搭配与配比均不同。pH 的变化也会影响植物对有效成分的吸收，因此要在培养过程中不断校验溶液的 pH，一般每周检测一次，当 pH 高于要求（偏碱）时，可用磷酸调整；当 pH 低于要求（偏酸）时，可用氢氧化钠调整。一般不同配方 pH 要求不同，pH 范围为 6～7。

本实践采用汉普植物营养液配方，这是应用较多、效果较好的配方，培养时 pH 为 6.2～6.5。其配方见表 12-6（浓度为使用浓度）。

表 12-6　汉普植物营养液配方

常量元素	质量/g	微量元素	质量/g
硝酸钾 KNO_3	0.7	硼酸 H_3BO_3	0.0006
硝酸钙 $Ca(NO_3)_2$	0.7	硫酸锰 $MnSO_4$	0.0006
过磷酸钙以 P_2O_5 计	0.8	硫酸锌 $ZnSO_4$	0.0006
硫酸镁 $MgSO_4$	0.28	硫酸铜 $CuSO_4$	0.0006
硫酸铁 $Fe_2(SO_4)_3 \cdot H_2O$	0.12	钼酸铵 $(NH_4)_6MO_7O_{24} \cdot 4H_2O$	0.0006
总计	2.6	总计	0.003

（1）用塘泥或熟土作为基质，用口径为 12 cm 的胶盆将同批播种规格一致的种苗定植。定植 1 周后，每周每盆施 1‰的复合肥一次，每盆每次淋肥 200 mL。其他时候进行常规淋水管理，整个实践延续 6 周。每个品种植 5 株为一个重复，设 2 次实践，插上标签做好记录。

（2）按上述配方配制营养液，配制营养液时，常量元素和微量元素分开配制，使用时再混合。混合时常量元素可按使用浓度的 10 倍或 100 倍配制母液，微量元素配成 1000 倍母液，使用时按比例稀释。

(3) 基质栽培使用的基质很多，如蛭石、珍珠岩、泥炭、沙砾、木屑、陶粒等。

一周后每周加营养液一次，每次加营养液前将水槽中水清换，加入营养液后用混合指示剂比色法检查 pH 是否为 6.2～6.5，偏碱时用磷酸调整，偏酸时用氢氧化钠调整。

四、作业

栽培 6 周后，分别测量各栽培方法植株的株高、地茎、根系及鲜重，按表 12-7 记录，取 2 组实践的平均值，比较不同栽培方法植株各项生长指标的差别，说明各栽培方法对生长的影响。

表 12-7　不同栽培方法对花卉生长的影响

项目		水培			基质培			土栽(对照)		
		Ⅰ	Ⅱ	平均	Ⅰ	Ⅱ	平均	Ⅰ	Ⅱ	平均
千日红	株高/cm									
	地茎/cm									
	根系长/cm									
	鲜重/g									
白蝴蝶	株高/cm									
	地茎/cm									
	根系长/cm									
	鲜重/g									

实践15 花卉水培诱根技术

一、实践目的

通过本次实践,使学生掌握花卉水培诱导生根技术的原理和方法。

二、材料、用品

(1) 材料:粗肋草等观叶植物。

(2) 用品:烧杯、量筒、剪刀、电子天平、百菌清等。

三、步骤

(1) 水养处理。

①选择长势健壮的粗肋草。

②每班取10盆(每盆3株),每株从茎基部剪下,清洗干净茎上的泥土。

③浸泡在百菌清溶液中灭菌杀毒。

④晾干后再放入准备好的培养瓶中,1个培养瓶放1株。

⑤加水至茎高的1/2～2/3,培养新根。

(2) 养护管理。

①一周换一次水。

②余下的10盆盆栽集中管理,一周浇一次水。

③剪掉地上部分的花盆和盆土,留起来,浇透水,2周左右浇一次水,让留在盆土里的地下部分继续生长。

(3) 数据记录:记录水培粗肋草的生长情况。1周测量记录1次株高、叶宽、叶长、叶片数等。

四、作业

根据记录数据,结合盆栽情况,分析其水培生长情况。

实践 16　花卉组织培养技术

一、实践目的

了解花卉组织培养的基本设施设备和操作技术，能正确配制培养基和无菌接种。

二、材料、用品

(1) 材料：红叶桃、红花丝桉、四季橘、菊花等。

(2) 用品：超净工作台、电子恒温灭菌器、镊子、手术刀、无菌纸、75%酒精、化学药品、喷雾器、玻璃容器等。

三、步骤

1. 正确称量培养基的各种成分用量

(1) MS 培养基常量元素母液的配制：各成分按照表 12-8 培养基浓度含量扩大 10 倍，用电子天平称取各药品，用蒸馏水溶解，按顺序逐步混合。用蒸馏水定容至 1000 mL 容量瓶中，即为 10 倍的常量元素母液。转入细口瓶中，贴好标签保存于冰箱中。配制培养基时，每配1 L 培养基取此液 100 mL。

表 12-8　MS 培养基常量元素母液的配制

序　号	药品名称	培养基浓度/(mg/L)	×10 称量/mg
1	NH_4NO_3	1650	16500
2	KNO_3	1900	19000
3	$CaCl_2 \cdot 2H_2O$	440	4400
4	$MgSO_4 \cdot 7H_2O$	370	3700
5	KH_2PO_4	170	1700

(2) MS 培养基微量元素母液的配制：MS 培养基的微量元素无机盐由 7 种化合物(除 Fe)组成。微量元素用量较少，特别是 $CuSO_4 \cdot 5H_2O$、$CoCl_2 \cdot 6H_2O$，因此在配制中分微量Ⅰ、微量元素Ⅱ进行配制。按照表 12-9、表 12-10 中的配方，用电子天平称量，其他同大量元素。配制培养基时，每配制 1 L 培养基，取微量元素Ⅰ母液 10 mL，微量元素Ⅱ母液 0.1 mL。

表 12-9　MS 培养基微量元素Ⅰ母液的配制

序　号	药品名称	培养基浓度/(mg/L)	×100 称量/mg
1	$MnSO_4 \cdot 4H_2O$	22.3	2230
2	$ZnSO_4 \cdot 7H_2O$	8.6	860
3	H_3BO_3	6.2	620
4	KI	0.83	83
5	$Na_2MoO_4 \cdot 2H_2O$	0.25	25

表 12-10　MS培养基微量元素Ⅱ母液的配制

序　　号	化合物名称	培养基浓度/(mg/L)	×10000称量/mg
1	$CuSO_4 \cdot 5H_2O$	0.025	250
2	$CoCl_2 \cdot 6H_2O$	0.025	250

2. 独立进行无菌接种技术操作

培养基经高压灭菌后，用经过灭菌的工具(如接种针和吸管等)在无菌条件下接种含菌材料(如样品、菌苔或菌悬液等)于培养基上，这个过程称为无菌接种操作。无菌操作要求如下。

(1) 在操作中不应有大幅度或快速的动作。

(2) 使用玻璃器皿应轻取轻放。

(3) 在火焰正上方操作。

(4) 接种用具在使用前、后都必须灼烧灭菌。

(5) 在接种培养物时，动作应轻、准。

(6) 不能用嘴直接吸吹吸管。

(7) 在消毒桶内消毒。

3. 明确主要花卉组织培养的条件

白天温度为25 ℃，夜间温度为15 ℃，多数种类光照控制在1000～3000 lx；植株生根成苗时光照控制在3000～6000 lx，在小苗移出之前逐渐增加到10000 lx。

四、作业

总结配制培养基以及接种的相关注意事项。

实践 17　生长调节剂的配制和应用

一、实践目的

了解生长调节剂对园林植物营养生长和生殖生长的作用。正确配制和使用生长调节剂。

二、材料、用品

（1）材料：碧桃、樱花、山茶、桂花、茉莉、含笑花、四季橘、菊花等。

（2）用品：吲哚乙酸、酒精、量筒、烧杯、喷雾器、玻璃容器等。

三、步骤

（1）不同品种、树种对生长调节剂的不同浓度反应有差异，因此，在大量应用前先做预实验。

（2）生长调节剂和不同农药混合效应有所变化，如萘乙酸可以和波尔多液或石硫合剂混合使用，但有的生长调节剂遇酸或碱易分解失效，如赤霉素不能与碱性溶液混合使用。

（3）大部分生长调节剂应随配随用。

（4）喷药时间最好在晴天傍晚前，以便发挥最大效果。

四、作业

总结正确配制和使用生长调节剂的方法。

实践 18 花卉的病虫害及防治

一、实践目的

病虫害防治是花卉生产中不可缺少的环节。防治病虫害必须采取各种措施，以园林技术措施为基础，因地制宜地使用生物、物理、化学等防治方法，才能经济、安全、有效地控制病虫害，保证植物合理的生理代谢和正常的生长发育。

二、材料、用品

经病害、虫害的花卉材料。

三、步骤

1. 花卉病害及其化学防治

花卉病害大致可分为侵染性病害和非侵染性病害。侵染性病害主要包括真菌病害、细菌病害和病毒病害，非侵染性病害主要为生理性病害。生理性病害常表现为叶尖、叶缘变褐焦枯，叶片变色、黄化、落叶、落花、落果等。这种病害用显微镜检查受害组织时无病原微生物，因此是非侵染性的。这类病害常与温度、水分、肥料、营养元素、土壤酸碱度等有密切关系。

(1) 真菌病害及其防治：常见花卉的真菌病害主要有十几种，现按不同的防治方法归类介绍如下。

①白粉病、炭疽病、黑斑病、褐斑病、叶斑病、灰霉病等病害的防治方法：一是深秋或早春清除枯枝落叶并及时剪除患病枝、叶，将其烧毁；二是发病前喷洒 65%代森锌 600 倍液保护；三是合理施肥与浇水，注意光照与通风；四是发病初期喷洒 50%多菌灵，或 50%托布津 500～800 倍液，或 75%百菌清 600～800 倍液。

②锈病的防治方法：除可采用上述 1～3 项方法外，发病后喷洒 97%敌锈钠 250～300 倍液(加 0.1%洗衣粉)，或 25%粉锈宁 2000～3000 倍液。

③立枯病、根腐病的防治方法：一是土壤消毒，用 1%福尔马林处理土壤或将培养土放锅内蒸 1 h；二是浇水要“见干见湿”，避免积水；三是发病初期用 50%代森铵 300～400 倍液浇灌根际，每平方米用药液 2～4 kg。

④白绢病的防治方法：一是使用 1%福尔马林或用 70%五氯硝基苯处理土壤，每平方米用五氯硝基苯 5～8 g，拌 30 倍细土施入土中；二是选用无病种苗或栽植前用 70%托布津 500 倍液浸泡 10 min；三是实行轮作，避免连作；四是浇水要合理，雨后要及时排水。

⑤煤烟病的防治方法：发病后，用清水擦洗患病枝叶，并喷洒 50%多菌灵 500～800 倍液。

(2) 病毒病害及其防治：近年来，病毒病害已上升至仅次于真菌病害的地位，它能为害多种名贵花卉，如水仙、兰花、香石竹、百合、大丽花、郁金香、牡丹、芍药、菊花、唐菖蒲、非洲菊等。病毒病害常表现为有花叶、黄化、卷叶、畸形、丛矮、坏死等。病毒主要是通过刺吸式昆虫和嫁接、机械性损伤等途径传播的。一经发病，很难防治，因此防治病毒病害更需注意以预防为主，综合防治。

防治病毒的主要措施：选择耐病和抗病优良品种是防治病毒病害的根本途径；严格挑选无毒繁殖材料，如块根、块茎、鳞茎、种子、幼苗、插条、接穗、砧木等；铲除杂草，减少病毒侵染源；适期喷洒 40%乐果乳剂 1000～1500 倍液，消灭蚜虫、粉虱等传毒昆虫；发现病株及时拔除并烧毁，接触过病株的手和工具要用肥皂水洗净，预防人为的接触传播；温热处理，如一般种子可用 50～55 ℃温水浸泡 10～15 min；加强栽培管理，注意光照与通风透光，合理施肥与浇水，促进花卉苗壮生长，可以减轻病毒病害。

(3) 细菌病害及其防治：常见花卉的细菌病害主要有软腐病、根癌病和细菌性穿孔病等。

①软腐病的防治：一是花卉储藏地点要用 1%福尔马林消毒，并注意通风、干燥；二是实行轮作，盆栽最好每年换一次培养土；三是及时防治害虫，从早春开始注意选用辛硫磷等防治地下害虫；四是发病后及时用敌克松 600～800 倍液浇灌病株根际土壤。

②根癌病的防治：一是栽种时选用无病苗木或实行轮作，或用五氯硝基苯处理土壤，每平方米用 70%粉剂 6～8 g 拌细土 0.5 kg 翻入土中；二是发病后立即切除病瘤，并用 0.1%升汞消毒。

③细菌性穿孔病的防治：一是发病前喷 65%代森锌 600 倍液预防；二是及时清除受害部位并销毁；三是发病初期喷洒 50%退菌特 800～1000 倍液。

2. 花卉虫害及防治

花卉的害虫种类繁多，大体可分为介壳虫类、蚜虫类、叶螨类和粉虱类等。

(1) 介壳虫类：常见的有红蜡蚧、角蜡蚧、糠片蚧、蔷薇白轮蚧、广菲盾蚧等，危害杜鹃、月季花等多种木本花卉。若虫多群集在嫩枝、叶背刺吸汁液，致使新梢畸形，叶片早落，同时诱发煤污病。

防治方法：剪去虫枝烧毁，保护天敌；冬季喷 10～15 倍松脂合剂 1 次，早春喷波美 3～5 度的石硫合剂 1 次，生长每季 7～10 天应用 50%马拉硫磷乳剂 1000～1500 倍液 2～3 次。

(2) 蚜虫类：常见的有桃蚜、棉蚜、菊小长管蚜和月季花蚜等。雌虫和若虫群集在嫩枝梢和叶背，以吮吸汁液为害，被害叶皱缩，同时诱发煤污病。

防治方法：保护天敌(瓢虫、草蛉、食蚜蝇等)，或用黄色粘胶诱杀。

(3) 叶螨类：常见的有红蜘蛛、球根粉螨、二斑叶螨等，危害多种花卉，被害叶片失绿，出现斑点，叶片卷曲、皱缩，严重的叶子枯焦、落叶。

防治方法：①保护天敌。害虫的自然天敌种类很多，在种植过程中可以利用天敌进行防治，其中主要的天敌有深点食螨瓢虫，束管食螨瓢虫，异色瓢虫，大、小草蛉，小花蝽、植绥螨等，它们对控制害虫的种群数量起积极作用。②化学防治。使用苯丁哒螨灵乳油(如国光红杀)1000 倍液或 10%苯丁哒螨灵乳油(如国光红杀)1000 倍液+5.7%甲维盐乳油(如国光乐克)3000 倍液混合后喷雾防治，建议连用 2 次，间隔 7～10 天。情况严重时可用国光红杀(推荐有效)，根据不同的虫害情况，进行兑水喷杀，每隔半月观察一次，若还有较多红蜘蛛，可继续喷杀。若只有少量红蜘蛛，可用镊子捏死，并用清水冲洗叶片，有条件的话建议更换土壤，防止被忽视虫卵。

(4) 粉虱类：常见的有温室粉虱、橘黄粉虱等，成虫和若虫群集在叶背，吮吸汁液，危害严重时叶片褪色、干枯，同时诱发煤污病。

防治方法：用黄色粘胶板诱杀，喷 2.5%溴氰菊酯、20%速灭丁 2000 倍液。

四、作业

调查校园常见花卉的病虫害及其防治方法。

第13章 花期调控与储藏保鲜

实践1 花期调节与控制技术

一、实践目的

通过实践，使学生进一步了解影响植物开花的因素，并掌握调节这些因素的常用手段，以达到花期调节与控制的目的，了解各种调控技术在生产上的应用。

二、材料、用品

(1) 材料：一品红、宝巾花、菊花数个品种、月季花、大丽花、荷包花、一串红等。

(2) 用品：光照培养箱、照明灯泡、黑布、盆具等各种工具，乙烯利、赤霉素(GA_3)、过磷酸钙、磷酸二氢钾、尿素、萘乙酸(NAA)等药品。

三、步骤

植物在完成生长后，要有一定条件才能开花，如达不到开花的条件，就会停留在营养生长阶段而不开花。在栽培时，正是通过人为对影响植物开花的某一个主导因素进行调控，以达到提前或延迟开花的目的。影响植物开花的因素主要有日照长度、温度、水分、内源激素以及养分等。影响各种植物开花的主导因素不一样，因此，在进行调控栽培时，要了解植物开花的特性，如菊花、一品红、宝巾花等要在短日照条件下开花，山茶、杜鹃等要经历低温期才开花，一串红、月季花等可四季开花，营养生长是影响因素；荷包花、苍耳等是长日照植物，在长日照条件下开花。而水分对于大多数植物而言，其变化会引起体内激素的改变，如缺水条件下，容易产生催熟激素，提前开花；而水分充足，则内源催熟激素生成量减少。养分对植物的开花也有一定作用，如磷、钾肥可提前开花，而氮素会促进营养生长延迟开花。因此，在进行花期调控时，想提前开花，可针对主导因素顺其道而行之，想延迟开花，则反其道而行之。

1. 制水法

取宝巾花作为实践材料，每组选10盆植物，分成两组，一组制水管理，一组正常淋水，比较两组的开花时间、开花数量、着花枝位。制水管理组给予极少水分，使叶片呈缺水下垂状，但要防止过度脱水而造成落叶，即保持半脱水状态，持续2～3周，见花芽时恢复正常淋水。

2. 光照控制法

全班分成5～6组，每组取菊花的一个不同品种15盆，分成3个组别，A组给予自然光照，

B 组 7:30 开始延长照灯 4 h,C 组从下午 5:00 起用黑布遮光至早上 5:00,延续 6 周后均恢复自然光照。比较同一品种不同处理时的开花时间、质量变化,最后将全班数据汇总以比较品种间的差异。

3. 温度与药物控制

以一品红为实践材料,每组选 15 盆,分成 3 组,A 组置于昼/夜温度为 20/10 ℃,每天 12 h 光照的光照培养箱中;B 组于自然条件下每 10 天喷浓度为 5×10^{-5} 的乙烯利一次,共 3 次;C 组在自然条件下作为对照,比较每种处理植株始花日期及开花数量变化。

4. 摘心控制

可以选一串红或月季花作为实践材料,选同时繁殖的种苗 20 株,分成 2 组,A 组不摘心或修剪,任其自然生长,B 组摘心或修剪一次,分别记录始花时间或修剪至始花时间,比较两组差异。

四、作业

(1) 可根据具体情况,选择其中 1～2 种方法进行实践,每种方法可设一个处理梯度进行。

(2) 将实践结果按表 13-1 整理,并对结果加以分析说明。

表 13-1　不同处理方法对开花的影响记录表

种　类	编号	A 组			B 组			C 组		
		始花/天	花径/cm	开花数量	始花/天	花径/cm	开花数量	始花/天	花径/cm	开花数量
	1									
	2									
	3									
	4									
	5									
	6									
	7									
	8									
	9									
	10									

实践2 鲜切花的采收

一、实践目的

掌握鲜切花的采收技术、采收时机的选择。

二、材料、用品

(1) 材料:各种花卉。

(2) 用品:枝剪、直尺等。

三、步骤

1. 采切时期

在适宜的发育阶段采切,切花能更长时间地保持新鲜状态。商品切花适宜的采切阶段因植物种类、季节、环境条件、距市场远近和消费者的特殊要求而异。

2. 采切时间

对于大部分鲜切花,宜上午采收,尤其对那些采后失水快的种类(如月季花)。要注意在露水、雨水或其他水汽干燥后进行。

3. 采切方法

用锋利的刀、剪把花茎从母株上斜剪下来。一般来讲,如果鲜切花采后立即置于水中或保鲜液中,切采方法并不严格影响瓶插寿命。剪截时应形成一斜面,以增加花茎吸水面积,这对只能通过切口吸水的本质茎类切花尤为重要。草质茎类鲜切花除由切口导管吸水外,还可由外表皮组织吸水,因此剪口并不那么重要。剪口应当光滑,避免压破茎部,否则会引起含糖汁液渗出,导致微生物侵染(可以在水中放杀菌剂来解决染菌的问题),微生物侵染又将造成茎的阻塞。

切割花茎的部位要尽可能地使花茎长空,但由于花茎基部木质化程度过高,基部刀割会导致鲜切花吸水能力下降,缩短切花寿命,因此切割的部位应选择靠近基部而花茎木质化程度适度的地方。

4. 鲜切花采收后放置的环境要求

(1) 环境温度:低温,放到分级包装室中。

(2) 环境湿度:因不同种类而异。提高环境中的相对湿度,可以减缓鲜切花内水分的丧失。

(3) 环境光照:低光照或黑暗状态,采收后短期内无光没有太大问题,长期无光会造成黄叶、落花和落果。

(4) 环境空气:防止乙烯伤害,尽量不要有燃烧物。

四、作业

以一种鲜切花为例,总结鲜切花的采收技术等。

实践 3　鲜切花的采后处理

一、实践目的

通过实际操作，让学生动手进行鲜切花的分级、再裁剪、绑扎、预处理液的使用、包装等工作，使学生认识鲜切花的分级指标，常规的绑扎、包装方法及所用材料，了解储藏的环境条件和方法，掌握鲜切花采后处理的环节和技术，深刻认识鲜切花保鲜处理的必要性。

二、材料、用品

(1) 材料：当天采收未处理的鲜切花非洲菊(或当地某鲜切花)。

(2) 用品：相应鲜切花的预处理液、枝剪、直尺、水桶、自来水、橡皮筋、报纸、鲜花包装纸(塑料)、烧杯、量筒、玻璃棒和标签等。

三、步骤

(1) 根据实践用鲜切花的分级标准，对鲜切花进行分级、绑扎、保鲜预处理液和包装。参照欧洲经济委员会(ECE)标准、美国花商协会(SAF)标准，鲜切花总分级的新方案的主要内容如下。

一级鲜切花：所有花朵、茎和叶丛必须新鲜，即在 12 h 内采切，无任何衰老或褪色迹象。无机械损伤及病虫危害，花茎垂直、健壮。鲜切花上没有化学残留物，生长未失调和畸变。

二级鲜切花：所有花朵、茎和叶丛近新鲜，在 12～24 h 内采切，有衰老迹象的花很少，无褪色。受轻微机械损伤或病虫害的花朵、茎和叶数量不超过 10%。必须基本上无化学残留物，具有足够的观赏价值和采后寿命。

三级鲜切花：具有一定的质量，但达不到一、二级鲜切花的标准，如采切时间超过 24 h、花茎较短等。

此外，该方案还要求以上三个等级的鲜切花花茎长度和成熟度整齐一致，同一个等级的鲜切花花茎长度差别不应超过最短花茎的 10%。

①中国标准规定了月季花、唐菖蒲、菊花、满天星和香石竹的质量分级、检验规则、包装、标志、运输和储藏技术要求。本标准可作为国内鲜切花从生产到销售各个环节的质量把关基准和产品交易基准。每种鲜切花分四个等级，整个批次的等级判定：

一级花，必须是所检样品的 95%以上符合本标准一级花的要求；

二级花，必须是所检样品的 90%以上符合本标准二级花的要求；

三级花，必须是所检样品的 85%以上符合本标准三级花的要求；

四级花，必须是所检样品的 80%以上符合本标准四级花的要求。

②分级操作。

a. 拣选主要是丢弃损伤、病虫感染和畸形等不符合要求的鲜切花，并去除鲜切花中夹带的废弃物等。此项工作可在田间或包装房中进行。

b. 按分级标准进行分级。将同一品种成熟度、级别和花茎一致的鲜切花，放在贴有标签

的容器内。若进行预处理，应使用我国政府批准的药剂，而供出口的鲜切花还要严格遵循进口国的农药使用规定。

c. 尽快冷藏。为减少鲜切花体内养分消耗，保证产品质量，在分级、包装之后应尽快使鲜切花冷却下来，以除去田间热。

(2) 用催花液、瓶插保持液分别处理 1～2 种鲜花，并设置对照组，观察记录结果(如花色、花期等)。

四、作业

(1) 查阅实践用鲜切花的分级标准。

(2) 根据鲜切花的分级标准，从整体感、花形、花色、花枝长度和粗细、叶的色泽和新鲜程度及大小、病虫害感染情况等方面，进行分级，每一级别分别放置。

(3) 分级完成后，每一等级的鲜切花要整理成束，花朵或花蕾在同一端并要求整齐。根据等级要求，整理成 10 枝一束或 20 枝一束，用橡皮筋绑扎，松紧以不松散为宜。外用报纸或鲜花包装纸包裹起来，上端比花蕾或花朵部分稍长，花枝下端 20～30 cm 露在外面，方便保鲜液处理，然后用胶带固定。

(4) 用量筒量取预处理液，加入水桶中，搅拌均匀，把绑扎好的鲜切花插入，进行预处理水温 37 ℃左右，处理 6～12 h，或插入清水中，入水深度 3～5 cm。

(5) 取出预处理后的鲜切花，垂直放入包装箱中。贴上标签，注明鲜切花品种名、花色、级别、花茎长度、装箱容量、生产单位、采切时间等，然后进入储藏环节。

(6) 以一种鲜切花为例，总结采后处理方法。

 实践 4　花卉的保鲜

一、实践目的

熟悉花卉产品采收之后的主要品质变化及与之相关的内部、外部因素，掌握鲜切花保鲜的技术和各种保鲜剂的配方及其制作方法和鲜切花的主要保鲜方法。

二、材料、用品

(1) 材料：时令鲜切花。

(2) 用品：电子天平、培养瓶、剪刀、测量尺、滤纸、蔗糖、柠檬酸、自来水等。

三、步骤

1. 保鲜剂的配制

每次实践配制 200 mL 溶液分别倒入培养瓶中，重复 3 次。

(1) 蔗糖(浓度根据不同花卉进行设置)。

(2) 柠檬酸(同上)。

(3) 自来水。

2. 鲜切花的处理

挑选 3 枝新鲜度一致的切花花枝作为一组，用剪刀在水中剪切好快速插入上述保鲜剂中。

3. 结果记录

(1) 目测法记录花朵、叶片的新鲜度。

(2) 用测量尺测量菊花的花径。

(3) 用电子天平称量每一株花的重量。

四、作业

比较分析花卉各类保鲜方法的效果。

 实践5 花卉的储藏处理

一、实践目的

通过实践使学生了解鲜切花的储藏方法,掌握常见鲜切花的保鲜及保鲜液配制。

二、材料、用品

(1) 材料:鲜切花。

(2) 用品:储藏室、保鲜用的容器及药剂、电导仪、电子天平、真空抽气机、恒温水浴锅、三角瓶、移液管、量筒、剪刀、镊子、滤纸等。

三、步骤

(1) 外观品质测定。

(2) 鲜切花保鲜液的配制。

(3) 电导率的测定。

(4) 鲜切花储藏。

四、作业

分析鲜切花常见储藏方法的效果。

实践 6　观赏花卉的质量鉴定

一、实践目的

掌握花卉质量鉴定的内容与方法。

二、材料、用品

(1) 材料:月季花、香石竹、菊花等主要花卉品种或校园观赏植物。

(2) 用品:电子天平、剪刀、游标卡尺等。

三、步骤

(1) 外观品质:花形、花瓣数、颜色、缺陷等。

(2) 鲜切花质量分级(请同学们自行查阅相关资料)

①月季花类鲜切花质量分级。

②香石竹(康乃馨)鲜切花质量分级。

③菊花类鲜切花质量分级。

四、作业

将选取的花卉按表 13-2、表 13-3、表 13-4 中的评定指标进行质量评定。

表 13-2　不同花卉的质量评定

品　名	花朵数/朵	花径/cm	花　色	彩　斑	花瓣数/瓣	单朵花重/g

表 13-3　不同鲜切花的质量分级

品　　名	花　　色	茎　　秆	叶	病 虫 害	损　　伤

续表

品　　名	花　　色	茎　　秆	叶	病虫害	损　　伤

注:参照月季花切花等级 GB/T 41201—2021、香石竹切花等级 GB/T 41202—2021、菊花切花等级规格 NY/T 323—2020,分别用①②③④表示。

表 13-4　不同花卉的观赏指数、气味

品　　名	观赏指数		气　　味
	开放程度	瓶插期	

实践 7　花卉中花青素的分析

一、实践目的

了解花卉中花青素的性质及生物功能，掌握花卉中花青素含量的测定方法。

二、材料、用品

（1）材料：各种含花青素的花卉材料。

（2）用品：分光光度计、温箱、三角瓶、电子天平、剪刀、量筒、封口膜、比色杯、试管、0.1 mol/L盐酸等。

三、步骤

称取含花青素的花卉材料 2.5 g，剪成碎片，立即放入盛有 10 mL 0.1 mol/L 盐酸的三角瓶中，三角瓶口用封口膜密封，以防水分蒸发，后置于 32 ℃环境中，浸渍 1 h 以上。而后过滤，取滤液倒入光径 1 cm 的比色杯中，用分光光度计在波长 530 nm 处测量吸光度，以 0.1 mol/L 盐酸为空白对照。

四、作业

将在 530 nm 处的吸光度 OD_{530} 为 0.1 时的花青素浓度作为 1 个单位，以比较花青素的相对含量，即用所测得吸光度×10，来代表花卉中花青素的相对含量，将测得的 OD_{530} 和花青素的相对含量填入表 13-5。

$$花青素的相对浓度=10\times OD_{530}/m$$

式中：OD_{530} 为样品在 530 nm 处的吸光度；m 为样品的质量(g)。

表 13-5　花青素的 OD_{530} 及相对含量

品　　名	OD_{530}	花青素的相对含量

第14章　花卉的应用、规划设计

实践1　东方式插花的制作

一、实践目的

东方式插花主要指中国插花和日本插花。东方式插花要求线条、格调与色彩的配合，使用花枝的数量并不多，形式追求线条、构图的完美与变化，多采用青枝绿叶，着重于天然姿态美，轻描淡写，清雅绝俗，插花用色淡雅，以幽雅见长，达到赋花木以再生的意境。

使学生理解东方式插花的构思要求和基本创作过程，掌握制作技法、花材处理技法和花材固定技术，独立完成一件东方式插花作品。

二、材料、用品

(1) 材料：尤加利叶、小白菊、小黄菊、小紫菊、冬红果等。

(2) 用品：枝剪、裁纸刀、花器、剑山等。

三、说明

东方式插花强调枝叶与花朵的协调，插花时不需太多的花朵，构图十分简洁。东方式插花无论使用哪种花器(浅盘或高身花瓶)，其基本形式都是一致的，一般是以3个枝条构成不等边3角形的外轮廓线。第一主枝(天)，最长的一枝，选用最茁壮的花茎直插正中；第二主枝(人)，插在第一主枝旁，朝前斜向伸出约45°，它的长度约为第一主枝的3/4；第三主枝(地)，约为第二主枝的3/4，与第一、第二主枝基本上成直角朝前斜向飘出，以获得构图的平衡。

四、步骤

(1) 选择花材、修剪。

(2) 制作。

①直立型：第一主枝直立在盘的左后角，第二主枝插在第一主枝的左前方，向后倾斜50°～60°。第三主枝插在第一主枝的右前方，向前倾斜45°～50°。要点：第一主枝必须直立，因此称为直立型，第二、三主枝则略倾斜。

②倾斜型：第一主枝以70°倾斜插在水盘花器左前方(即上述直立型的副位)，第二主枝直

插于水盘右后角(即直插型的主位),第三主枝位置倾斜,与直立型相同。它的要点正好是直立型的主副位互相调换,而第一主枝倾斜角度更大。

③下垂型:第一主枝如倾斜型,唯需由上垂下。第二主枝位置与倾斜型相同,但要直立而不可倾斜。它的要点为三主枝位置同倾斜型,但第一主枝不倾斜而需要下垂,长度没有限制,视环境而定,第三主枝由倾斜而改为直立。

(3) 拍照。

五、作业

拍照,评分,并完成实践报告,结合花器、花材的选用和制作的基本类型,谈谈东方式插花的创作体会。

 实践 2 西方式插花的制作

一、实践目的

西方式插花讲究强烈的美感，给人以奔放热烈的印象。西方式插花大多喜欢用色彩鲜明的花朵聚集在一起，突出花草的茂盛华贵，给人以视觉上的艳丽震撼，使气氛热闹；很注重几何构图，常用 L 形、三角形、扇形、S 形和圆形等。

使学生理解西方式插花的构思要求和基本创作过程，掌握其制作技法、花材处理技法和花材固定技术，在教师的指导下完成一件西方式插花作品。

二、材料、用品

(1) 材料：非洲菊、百合、散尾葵叶、黄莺等。

(2) 用品：枝剪、裁纸刀、花器、花泥等。

三、说明

以人工美取胜，以数学协调为主流的西方式插花艺术讲究造型的对称、比例、均衡，蕴含数理次序的图案美，加上丰富而和谐的配色，独具艺术魅力和优美装饰效果。花材按其在整体的地位分为三部分，线条花、补花和焦点花。

插花作品讲究装饰效果以及制作过程的怡情悦性，不过分讲究思想内涵；讲究几何图案造型，追求整体的表现力，与西式建筑艺术有相似之处；构图上多采用均衡、对称的手法，表达稳定、规整，体现力量美，使花材起到强烈的装饰效果；追求丰富、艳丽色彩，着意渲染浓郁的气氛；表现手法上注重花材和花器的协调，插花作品与环境场合的协调，常使用多种花材进行色块的组合。

四、步骤

(1) 常用花材并可修剪。

(2) 线条花的应用：线是插花造型中最基本的因素。线条花的功能是确定造型的形状、方向、大小，一般选用长穗状或挺拔的花、枝条或叶片，线的长度一般是花器高度加宽度的 1.5～2 倍。

(3) 焦点花(中心花)的应用：西方式焦点花一般插在造型的中心位置，是视线集中的地方，一般选用百合、非洲菊等。

(4) 补花的应用：西方式插花的传统风格是大块状几何图形的组合，其间很少留有空隙，要使线条花与焦点花和谐地融为一体必须用补花来过渡，如小白菊等。

(5) 拍照。

五、作业

拍照，评分，并完成实践报告，结合花器、花材的选用和制作的基本类型，谈谈西方式插花的创作体会。

 实践3　盆花装饰

一、实践目的

使学生掌握盆花的装饰技术。

二、材料、用品

各类盆花。

三、步骤

(1) 根据会议主题,会议室的形状、颜色等设计花卉装饰方案。

(2) 根据节俭易行原则,选择合适的盆花进行装饰,在实际摆放中反复调整,提高装饰效果。

四、作业

(1) 设计整理盆花装饰的文字版方案。

(2) 制订一个租摆合约。

实践 4　节日花卉生产、应用与市场分析

一、实践目的

花卉因其姿态优雅、仪态万千、色彩丰富、品种繁多等优良特性，日益受到人们青睐。随着经济的高速发展，花卉在数量上、规模上都得到了空前发展。花卉苗木培育在地方农业产业结构中占有很大的比例，因此市场竞争日趋激烈。通过查阅资料，运用所学花卉知识调查分析节日花卉的生产状况、市场现状、动态等，并针对出现的问题提出相应的策略。

二、材料、用品

图书、资料，当地花卉应用情况等。

三、步骤

(1) 调查收集资料。
(2) 分析收集数据。
(3) 总结。

四、作业

针对所收集的资料进行分析，完成 1500 字左右的节日花卉生产状况、市场现状、动态等的分析报告。

实践5 露地栽培花卉中四季开花花卉调查

一、实践目的

了解影响植物开花的因素，掌握调节这些因素的常用手段，掌握露地栽培花卉中四季开花花卉。

二、材料、用品

图书资料、实地考察资料。

三、步骤

通过查找相关图书资料、实地考察各花场、花市，掌握露地栽培花卉中四季开花花卉的种类及应用。

四、作业

调查后总结露地栽培花卉中四季开花花卉的种类及应用。

 实践 6　校园植物的规划设计

一、实践目的

园林绿化是校园环境建设的重要组成部分，而植物的应用又是园林绿化要素的重中之重，良好的绿化景观是校园精神文明的重要体现。了解校园的各类分区，了解校园的各项布局功能，掌握校园植物规划设计的方法与技巧。

二、材料、用品

（1）材料：校园植物。

（2）用品：电脑、比例尺、模拟平面图等。

三、步骤

（1）拟定总体布局，划分不同功能区域。

（2）布置道路系统。

（3）校园各功能区域植物的规划设计要点。

四、作业

任选一校园，对各功能区域的植物进行规划设计，作图，并说明设计要点。

 实践7　花圃花场的规划设计

一、实践目的

通过实践使学生了解花圃花场的各类设施及构成，了解各项设施布局对生产与管理的作用，掌握花圃花场规划的方法与技巧。

二、材料、用品

绘图纸、丁字尺、角规、比例尺、铅笔、模拟花圃花场平面图等。

三、说明

花圃花场的规划设计对花圃花场的投资控制、经营管理有重要的作用，因此花圃花场的规划设计要做到科学、合理、先进、实用。花圃花场的规划设计主要包括总体布局、道路系统、给排水系统、辅助设施、生产设施等内容。

总体布局是根据生产目的，将全场划分成不同的功能区域。总体布局要做到合理实用，便于管理，突出花场的主要发展方向，并有长远的眼光。不同的功能区域可根据地形变化布置，用道路系统分区。

道路系统的规划要合理，便于产品进出，总面积不应超过全场总面积的10%。大中型花场（面积超过20000 m^2），应该设置能通载重卡车的主干道，工作辅道与主干道相连，主干道的服务半径一般按100 m考虑，超大型花场可设立主干道系统。

给排水系统可沿道路系统布置，如有地形变化，给排水系统要考虑地形地势。供水龙头的密度要适宜，最大服务半径以不超过20 m为宜，自动喷灌系统要按覆盖半径考虑密度。

辅助设施包括办公用房、仓库、装卸场、展销厅、职工住房等，要根据投资规模配套，投资额度不宜过大，以免挤占生产资金。办公用房、装卸场、展销厅应设置在靠门口显眼的地方。

生产设施包括花台、平顶阴棚、塑料大棚等。要注意走向，中等纬度地区应选南北方向，低纬度地区可不特别考虑。塑料大棚面积大，有利于创造小环境，越高越有利于空气流动，降低近地气温。在广东地区以3～4 m的高度为宜，面积以500 m^2/座为宜。花台高度、宽度要适宜，高以30～50 cm为宜，宽以1.2 m为宜。

四、步骤

（1）拟定总体布局，划分不同的功能区域。

（2）布置道路系统。

（3）标明生产设施，并画出主要设施的施工结构图。

（4）标明给排水设施及管线系统。

（5）标出辅助设施的平面图，在另一张纸上画出施工结构图。

（6）对规划设计进行预算，并写出说明书。

五、作业

进行花圃花场的规划设计,因地制宜,合理布局,图例明确,图面干净。

实践8 花坛的设计

一、实践目的

学习和掌握花坛设计的方法和步骤，能独立进行花坛的设计。

二、材料、用品

电脑、铅笔、纸等。

三、步骤

设计：以园林美学为指导，充分表现植物本身的自然美以及花卉植物组成的图案美、色彩美或整体美。

花坛的体量、大小应与花坛设计处的广场、出入口及周围建筑的高低成比例，一般不应超过广场面积的1/3，不小于广场面积的1/5。花坛的外部轮廓应与建筑边界线、相邻的路边和广场的形状协调一致；色彩应与环境有所差别，既起到醒目和装饰作用，又与环境协调，融于环境之中，形成整体美。

1. 实地调查、测量，拟定花坛草图

到预设计地点了解周围环境，确定花坛位置、大小、形状及内部构图，用铅笔简单勾勒出草图。

2. 花坛植物选择

根据调查了解的情况和花坛草图，选择花坛植物的种类、品种、花色等。

3. 花坛设计图绘制步骤

(1) 总平面图：应标出花坛所在环境的道路、建筑边界线、广场及绿地等，并绘出花坛平面轮廓。依花坛面积大小，通常可选用1∶100或1∶1000的比例。

(2) 花坛平面图：标明花坛的图案纹样及所用植物、材料；数字或符号由内向外依次编号，与图旁的植物、材料表相对应；植物材料表内容。

(3) 设计说明书：简述花坛设计的主题、构思及设计图中难以表现的内容等。

四、作业

完成设计图，包括总平面图、花坛平面图及设计说明书。

实践 9　花境的设计

一、实践目的

了解花境在园林中的应用，掌握花境设计的基本原理和方法，并达到能实际应用的要求。以园林美学为指导，充分表现植物本身的自然美以及花卉植物组成的图案美、色彩美或整体美。

二、材料、用品

电脑、铅笔、纸等。

三、步骤

1. 植床设计

种植床是带状的，直线或曲线的，其大小选择取决于环境空间的大小，一般长轴不限，较大的可以分段(每段以小于 20 m 为宜)，短轴有一定要求，视实际情况而定。种植床有 2°～4°的排水坡度。

2. 背景设计

单面观花境需要背景，依设置场所不同而异，较理想的是绿色的树篱或主篱，也可以墙基或棚栏为背景。背景与花境之间可以留一定的距离，也可以不留。

3. 边缘设计

高床边缘可用自然的石块、砖块、碎瓦、木条等垒砌，平床多用低矮植物镶边，以 15～20 cm的高度为宜。若花境前为园路，边缘用草坪带镶边，宽度应不小于 30 cm。

4. 种植设计

(1) 植物选择：全面了解植物的生态习性，综合考虑植物的株形、株高、花期、花色、质地等主要观赏特点。应注意以在当地能露地越冬，不需特殊养护且有较长的花期和较高的观赏价值的宿根花卉为主。

(2) 色彩设计：应巧妙地利用花色来创造空间或景观效果。基本的配色方法：类似色，强调季节的色彩特征；补色，多用于局部配色；多色，具有鲜艳热烈的气氛。色彩设计应注意与环境、季节相协调。

(3) 立面设计：要有较好的立面观赏效果，充分体现整体美，要求植株高低错落有致，花色层次分明，充分利用植物的株形、株高、花色、质地等观赏特性，创造出丰富美观的立面景观。

(4) 平面设计：平面种植采用自然块状混植方式，每块为一组花丛，各花丛大小有变化，将主花材植物分为数丛，种在花境的不同位置。

5. 操作

(1) 调查当地绿地花境，并选取一处较好的花境实测与评价。

(2) 以校园内的一处花境为例，调查其花卉种类，测绘平面图，分析其景观特点。在该处校园花境的基础上加以改造，做成可四季观花、层次丰富的花境。

四、作业

(1) 选取一处当地绿地花境,测绘其平面图。

(2) 选取校园内的一处花境,测绘其平面图。

(3) 完成改造后的花境设计图,包括总平面图(复杂的花境画出断面图)及其设计说明书。

 实践 10　菊花造型

一、实践目的

通过实践使学生掌握菊花的各种造型的栽培技术，认识菊花造型栽培成形过程及了解整个栽培管理环节。

二、材料、用品

(1) 材料：凌波菊、小白莲、藤菊等品种菊种苗。

(2) 用品：照明灯泡、定时器、盆具、剪、钳、铁丝等。

三、说明

菊花是常见的花卉，除了作为切花栽培之外，也可作为盆栽应用。菊花的造型栽培在我国有着悠久历史，也深受人们的喜爱。菊花的造型栽培形式多样，较常用的有多头菊、独本菊、大立菊、塔菊、悬崖菊等，每一种造型栽培都有其特色。每一种造型栽培，其造型的方法存在差异，栽培管理也不同。

四、步骤

1. 多头菊栽培

一株开数朵花，是最常用的盆栽菊栽培方法，一般为节日摆花，家庭摆花多用此法，其方法与步骤如下。

(1) 自然栽培：在广东地区 7 月中旬扦插育苗，生根后移至 5 斤盆或 7 寸托盆定植，定植后当苗高长到 12 cm 左右时，留下部 4～6 叶摘心，留 3～5 芽，自然光照下，早期 2 周施肥一次，进入秋季旺盛生长期后，每 7～10 天施肥一次，直至破蕾时停止施肥，这样就有 3～5 朵花。如想多开花，可当侧芽长至 8～10 cm 时再摘心一次，每侧芽留 2 个，就有 6～10 朵花。开花时间 11 月。

(2) 控制栽培：主要针对春节用花的栽培。常在中秋前后 10 天扦插育苗，生根后定植于 5 斤盆或 7 寸托盆，每盆 1～2 株，定植后即行照灯延长光照时间，每天 4 h，距春节 65～75 天时停止加光，具体依品种而异。其他管理与上同。近年广东也有人将不同花色品种集于一盆栽植，以提高观赏价值。

2. 独本菊栽培

一株只开一花，又称标本菊，此法栽培的菊花营养集中，花大，最能体现品种性状，是菊艺评比中必具项目。其方法如下。

(1) 选芽：广东地区在清明节前后进行，选健壮母株地下萌出的脚芽进行扦插，15～20 天生根。

(2) 定植于摘心：当扦插苗长根后，用熟土或塘泥作为植土，定植于 7 寸托盘，到六月中下旬，截茎，留茎 7～10 cm，当茎上长出侧芽后，顺次由上而下剥去侧芽，选留最下部一个侧芽。

此时气温已极高，要防止缩芽，可适当遮阴。

(3) 培育：到 8 月份，所留侧芽开始进入旺盛生长期，当侧芽长至 5 cm 左右时，将原来老茎在侧芽上方 2 cm 处剪去，完成植株的更新工作。之后要精心护理，到 9 月份不能再遮阴，当植株长至 30 cm 左右，插竹固定防止长歪。当现蕾后，将顶蕾下面的侧蕾全部剥去，仅留顶花。到 11 月份就可开花。

3. 大立菊栽培

大立菊是一株开数百乃至数千朵的巨型菊花，在我国是用于衡量花工技术水平的重要项目，也是菊花造型中最复杂的方法。

(1) 繁殖：大立菊的繁殖一般用分株法，选用品种以大、中花形，分枝能力强的品种为主。分株时常在 11—12 月菊花开花后，选从地下长出的脚芽连根切下，栽植于 5 斤盆中，盆土要施底肥。也可用茼蒿菊作砧木，选脚芽 2～3 个嫁接繁殖，目的是取得强健根系，特大型大立菊常用此法。

(2) 摘心与管理：当菊苗长至约 20 cm 时，进行第一次摘心，留 6～7 叶，将下部芽去除。只留上部 4～5 叶时，各留 3 叶进行第二次摘心，如此操作进行多次摘心，到 8 月中下旬进行最后一次摘心。在广东夏季高温时期，要防止缩枝与脚叶脱落，可适当遮光。在管理中，要随植株生长情况更换大盆，通常开 200～300 朵花者要 60 cm 以上大盆，500～600 朵者要 80 cm 以上大盆，超千朵的要 1～1.2 m 的大盆。在生长期间每两周施肥一次，并保证水分充足。

(3) 扎架整形：当菊花现蕾后，及时摘顶蕾下部的侧蕾。现蕾后要扎架，先在盆中呈三角形插三根桩，高 15 cm 左右，然后在桩上扎一三脚架，用四号铁丝扎 2～3 个同心圆，固定于三脚架上。上部也用铁丝扎同心圆，由内至外呈半圆形展开，并将花枝由内至外扎在桩上。继续常规管理，开花即成大立菊了。

4. 悬崖菊造型

悬崖菊是模仿岩生植物自然悬垂的形态，通过人工整形栽培的造型形式，常用于小花品种菊，如小白菊、杭白菊、藤菊等，其方法如下。

(1) 繁殖：在 11—12 月或清明节前后，选取土中长出的脚芽分株繁殖。

(2) 栽培与管理：用高身托盆或方盆定植，盆的大小视栽培目标而定。定植后不摘心，让其自然分枝生长，当植株长至 30 cm 时，在盆上扎一个斜向下悬垂的骨架，骨架要上大下小。然后选主枝于中央引导到骨架上，选两个健壮侧枝在主枝两侧一左一右向前引导，这三个枝条都保留顶芽，其他枝条及以后长出的侧枝各留 2～3 叶摘心，如此反复进行，以促使植株多分枝，形成上宽下狭的株形。主枝、侧枝间隔一定距离引扎在骨架上。

5. 树菊栽培

树菊又称塔菊。树菊主要是用白茼蒿作砧木，嫁接中小型品种菊，并搭一个圆锥形骨架引导而成的大型盆菊。在砧木的不同部位用芽接，顶部用劈接方法，也可接上不同花色品种而形成一树多花的优美树菊。近年也有用藤菊扎架引导栽培的方法栽培树菊，其繁殖也用脚芽分株的办法，定植后采用主枝不摘心，各级侧枝摘心的方法成形。

五、作业

进行菊花造型，并写出主要步骤。

实践 11　球根花卉种球处理技术

一、实践目的

通过实践，使学生了解球根花卉，如麝香百合，促成栽培时其种球处理的过程，掌握其处理方法，并为其他球根花卉的种球处理提供思路。

二、材料、用品

(1) 材料：麝香百合种球，周径 14～16 cm。

(2) 用品：塑料薄膜，水苔、枝剪，可调控低温冷藏箱，包装塑料箱等。

三、步骤

1. 采挖种球

于 6 月份球根花卉茎秆枯干后，选晴天采挖种球，大小分类晾放于不落雨不漏光的棚架中风干，度过后熟期。

2. 包装

(1) 7 月下旬，选周径 14～16 cm 的种球进行包装处理。

(2) 先把塑料薄膜放入箱内，然后在箱底放一层湿水苔、木屑等填充物，厚度约 5 cm，在填充物上放一层种球，种球间以填充物隔开，如此一层填充物一层种球，放满后，将塑料薄膜合拢扎紧。塑料薄膜需打些孔，以便通气。

3. 种球温度处理

(1) 将种球于种植前 6～7 周包装好后放入 13 ℃的冷藏箱中储藏 6 周，然后取出定植，观察其开花情况。

(2) 于种植前 6～7 周，将包装好的种球放入 13 ℃的冷藏箱中储藏 2 周，然后将温度降至 8 ℃，冷藏 4～5 周。通过上述处理后，取出定植，观察其开花情况。

(3) 将种球包装好后，先在 15 ℃下储藏 4～5 天，然后将温度降至 9 ℃，保持 3 周，再将温度降至 0～5 ℃，保持 8 周。通过上述处理后，将种球储藏于－2 ℃下，分几次取出定植，观察其生长情况。

(4) 将种球(未经处理)于 11 月中下旬直接进行定植，观察其生长情况。

通过上述四种处理，观察、比较不同处理对麝香百合的生长发育及开花时间长短的影响，据此归纳出种球处理技术及花期控制的方法。

四、作业

实践完毕，进行小结。

 实践 12　水仙雕刻与浸养

一、实践目的

通过实践，使学生了解水仙雕刻的种类，掌握企头（直箭）水仙和蟹爪（蚧爪）水仙的雕刻方法及水栽法。

二、材料、用品

(1) 材料：商品水仙头（各种规格）。

(2) 用品：介刀，水仙盆等。

三、步骤

1. 企头水仙

企头水仙又称直箭水仙，水栽在距春节前 25～28 天进行。

取水仙头，把基部的头土除去并用小刀挑去枯死的根，同时剥去褐色的包衣。用小刀在水仙头的两侧各划 1～3 刀，深约 0.4 cm，后浸入水中 1～2 天，中途换水并把黏液洗干净。之后可把水仙头扶正，四周用卵石圈围住，以后天天换新水。

2. 蟹爪水仙

蟹爪水仙在距春节前 21～25 天开始浸水。

取水仙头，除去水仙头上的附着物如泥、老根、包衣等，浸水 2 天，其间换水并洗去黏液，水仙头吸饱水后，用水仙雕刻刀削去水仙头 1/3 以上的鳞茎，使水仙头内的花芽露出，但不要损伤花茎的任何部位。一般造型用 2～8 个水仙头，雕好后用竹签插拼成形。加工好后，把雕损面向下约 4 天，在其根部盖上一团吸水棉花以利于发根，浸入水中，至叶片由底开始向上弯转时再把雕损面翻转向天。此后如有叶子不弯曲，还要用刀剔除不弯叶一边的 1/3。水养过程中每天都要换水。

3. 水仙的矮化

水仙的矮化目前常用的是矮化剂多效唑(PP333)。

用得较多的方法是水仙头浸水一段时间，待根露白后，放入多效唑(PP333)药液中浸养数天，再换水按一般方法莳养。

取水仙头，如上述方法处理后，水养几天，开始生根时，放入 15%的多效唑(PP333)可湿性粉剂配成的 2000～2500 mg/L 溶液中浸养 24 h，或用 50～100 mg/L 多效唑(PP333)浸养水仙头48～72 h，取出冲洗后用清水浸养。见蕾后喷一次万分之一的爱多收可防止叶尖枯黄，延长寿命。

四、作业

注意观察不同处理方法如何影响水仙头由浸种至开花时间，并总结。

实践 13　天南星科植物桩景式栽培技术

一、实践目的

通过实践，使学生掌握爬柱植物桩柱包扎、上盆定植的技术，了解这类植物的生产与管理方法。

二、材料、用品

（1）材料：绿萝、白蝴蝶、红、绿宝石等种苗。

（2）用品：A-300 或 A-320 高身胶盆、竹竿或塑料管、花铲、枝剪、泥炭土、河沙、塘泥等。

三、说明

天南星科爬柱植物，由于优美的形态与独特的栽培，在阴生植物生产中占有较大的比例。爬柱植物节上容易长出气生根或不定根，从而易吸附在桩柱上。为了使植物的气生根生长得更好，牢固地附着在桩柱上，桩柱应用吸水性与保水性较好的材料包扎，如棕皮、水苔、苔藓等。但作为观赏栽培的植物，要注意桩柱的美观，因此要讲究包扎与栽培技术。为了使桩柱牢靠，栽培的盆要用高身的筒盆或托盆。为了减轻重量，便于搬运，植土可用混合基质。

四、步骤

（1）调制混合植料：按泥炭∶河沙∶塘泥＝1∶1∶1 的比例，配制栽培基质。

（2）桩柱的包扎：桩柱包扎的材料主要是棕皮，桩柱可用笔直的竹竿或塑料管。目前主要使用直径 6.5 cm 或 8 cm 塑料管，长度可自定，一般长度为 1.2 m 或 1.5 m。棕皮的包扎有几种方式，螺旋式、直套式及反套式。包扎时均从上而下，下端约 30 cm 可不包扎。前两种方式操作较容易，但不美观，反套式则操作较难，但美观。

（3）选苗与分苗：由于爬柱植物的栽培都由几株苗组成，因此，在种植之前应先进行选苗与分苗，可使同一盆内各株生长均匀，形成优美株形。选苗时先确定每盆用苗株数，一般绿萝用 4～6 苗，白蝴蝶 5～6 苗，红、绿宝石类用 3～4 苗。选苗时主要看茎的粗细，也要考虑叶片大小，相同大小的苗为一组。在生产时可以由专人分苗，专人上盆，进行流水线式作业。苗的长短以 3～4 节为宜，苗应带顶芽。

（4）上盆定植：盆的尺寸根据柱高而定，1.2 m 桩柱用 A-300 或 A-320 盆，1.5 m 桩柱要用 A-320 或 A-330 盆。先将包扎好的桩柱垂直置于盆中央，然后加入混合基质至盆深的 60%，然后将分好的苗紧贴桩柱均匀地排在四周，再加土至九成，压实即可。放苗时要注意，有背腹面之分的苗，要将腹面贴向桩柱，定植后淋透定根水。在以后的管理中，每次淋水时要连同柱体一起淋湿，这样有利于不定根的生长与固着，并不断校正生长方向，使各株能均匀地分布在桩柱的四周。

五、作业

写出进行天南星科植物桩景式栽培技术的要点。

实践 14　花卉分类与应用(综合实践)

一、实践目的

通过调查指定区域(如校园等)的园林植物种类,按照不同的分类方法将这些园林植物进行分类,目的是熟悉花卉的各种分类方法和花卉的不同应用方式。

二、材料、用品

(1) 材料:指定区域中的园林植物。

(2) 用品:放大镜、解剖镜、记录表格等。

三、说明

园林中配置了各种类型的园林植物,根据园林植物的生物学特点、应用方式、对环境的需求特性和植物造景特色,可以将这些园林植物按照不同的分类方法进行分类。

四、步骤

1. 调查与观察

(1) 调查:对指定区域的园林植物进行调查,列出植物名录。

(2) 观察:指定区域园林植物的生态环境,了解其生物习性,如是木本植物还是草本植物等;对环境的具体要求,如光照强度、水分等;每种植物在园林中的配置位置,如人工林的上层或下层等;应用方式,如地被、行道、庭园等。

2. 分类

根据不同的分类方法,将指定区域的园林植物进行分类。

五、作业

1. 思考题

通过使用不同的分类方法对指定区域园林植物的分类,思考和比较不同分类方法的优劣,你能提出更好的分类方法吗?

2. 实践报告

(1) 园林植物名录:列出指定区域的园林植物名录,格式如表 14-1。

表 14-1　园林植物名录表

中 文 名	拉 丁 名	科 属 名 称	备　注
白兰	*Michelia*×*alba* DC.	木兰科含笑属	芳香乔木

(2) 园林植物分类:按照不同的分类方法对指定区域园林植物进行分类。格式如表14-2。

①按照生态习性分类:分为一、二年生花卉,宿根花卉,球根花卉,多浆及仙人掌类,室内观叶植物,兰科花卉,水生花卉,木本花卉,草坪,地被10类。

②按照形态分类:分为草本、乔木、灌木、草质藤本、木质藤本5类。

③按照园林用途分类:分为行道树景观、阴地景观、水体景观、地被景观、庭园景观、草坪景观、藤蔓景观、花坛花境景观、绿篱景观9类。

④按照对水分的要求分类:分为水生花卉、湿生花卉、中生花卉、旱生花卉4类。

⑤按照对光照强度的要求分类:分为阳生花卉、阴生花卉、中性花卉3类。

⑥按照观赏部位分类:分为观花、观叶、观果、观茎和芳香类5类。

表14-2 ________地区园林植物分类表

中文名	学名	生态习性	形态	园林用途	对水分的要求	对光照强度的要求	观赏部位
白兰	*Michelia*×*alba* DC.	木本花卉	乔木	行道,庭园	中生	阳生花卉	芳香

实践 15　花卉组合盆栽技术(综合实践)

一、实践目的

组合盆栽是近年来兴起的花卉栽培和观赏新形式,该形式不仅提高了花木的观赏价值,同时提高了花木的经济价值和艺术价值。

组合盆栽是技术含量较高的艺术创作过程,它不仅要求组合产品具有科学性,同时必须具有艺术性。因此,组合盆栽要求制作者必须具备良好的专业修养、艺术修养,良好的鉴赏能力和独特的设计思想。在组合盆栽的制作中,需要运用植物学、花卉学、植物分类学、植物生态学、美学和园林设计等学科知识,是培养学生综合能力和综合素质的有效手段。

本实践通过综合利用植物学、花卉学、美学、园林设计等多学科知识,通过对花卉品种的选择、基质的调配、盆具挑选、色彩搭配、种植设计和点缀装饰材料的配置等环节的实践,加强学生的动手能力、设计能力以及分析问题的能力。本实践将理论与实践操作紧密结合,将多学科知识综合起来,将设计的意图变为现实,对激发和培养学生对基本理论、基本知识、基本操作的学习热情具有很好的促进作用,为培养学生的创新能力打下良好基础。

二、材料、用品

(1) 材料:实践农场园艺花圃具有 300 个以上的花木品种,学生可以根据实践的内容和组合盆栽设计的意图,选择合适的花木品种和规格。

(2) 用品:枝剪、盆具、装饰材料和石头、数码照相机等。

三、步骤

1. 植物材料准备

根据组合盆栽设计的要求,选择不同色彩、不同规格的花卉植物材料。

2. 盆具准备

根据组合盆栽设计的需要,选择适宜形状、大小和颜色的花盆和用具。

3. 培养土的准备

采用基质栽培的种植形式,首先配制好所需要的培养土,注意其配方、pH 和 EC 值,可满足不同种花木同在一盆的要求。

4. 组合盆栽种植

注意不同花卉材料的配置,探讨各种配置方式的美学效果和不同花卉种类的生态和谐性。

(1) 制订组合盆栽实践方案:查阅相关资料,研究组合盆栽的特点;构思组合盆栽方案。

(2) 考虑组合盆栽的科学性:考虑植物的生物学习性,选择搭配植物的相互关系,确定植物的种类。

(3) 考虑组合盆栽的艺术性:考虑植物色彩搭配、体量(规格)及配置。

(4) 考虑增加组合盆栽科学性和艺术性的辅助配置:研究盆具、装饰材料和置石等。

四、作业

每人写 1 份实践报告，作为评定成绩的主要依据。

实践报告的主要内容包括实践名称、年级、专业、班级、姓名、学号、前言、实践目的、材料与方法、结果与分析、问题与讨论、参考文献等，基本写作格式按照毕业论文的规范要求。

实践报告不仅要反映实践结果，同时要反映组合盆栽的设计过程、设计意境、体现意境的方式、方法或途径。报告不仅要以文字、数字表格的形式呈现，同时要求提供设计图、过程分解照片和最终作品照片，达到图文并茂的效果。

实践 16　花卉的水培技术(综合实践)

一、实践目的

设计性、综合性实践是培养学生动手能力、科学研究能力和创新能力的教学环节,是提高学生综合素质的一种新的教学尝试。

设计性、综合性实践是根据实践的目的和要求,学生通过自己设计实践方案、选择研究方法和实践手段、确定观察指标和测定方法,自己整理分析实践数据,完成提出问题、发现问题、分析问题和解决问题的全过程。

花卉的水培技术是花卉生产和家庭养护的新方法和新趋势,有较高的技术含量,研究花卉的水培技术可以应用到有关花卉知识的多个方面,很有实践意义。

二、材料、用品

(1) 花卉种类的选择:不限范围,可以参考有关资料,选择不同栽培难易程度的种类。

(2) 实践材料的选择:可以通过水插法或洗根法获得。

(3) 基质选择:水、沙、陶粒和其他材料。

三、步骤

1. 实践主题的确定

研究目标可由指导教师提出框架式主题,学生围绕该主题确定更加具体的、与研究内容相关的题目。

研究主题要求具体,短期内能够获得研究结果,有一定难度。

2. 实践设计

根据实践目的,设计一个科学、有效的实践程序或方案。实践方案包括材料的选择、实践方法的确定、实践步骤、测定方法。

在设计实践时,要考虑实践条件的一致性(即控制其他因素,观察实践因素)、数据可统计性(重复数、观察群体的数量要符合统计要求)、实践最简约性(花最小的力气,获得最科学、最全面的数据)。

3. 观察指标的确定

根据研究内容和要解决的问题,确定观察、测定的花卉性状,通过分析测得的数据来尝试解决问题。围绕实践目标确定需观察、测定的花卉性状,如无土生根的状况、老叶的状况、新生叶长势及数量、整体状况、水养前后的变化等,还可以测定有关的生理生化指标、营养液的成分变化,如 pH 的变化、EC 值的变化等。

4. 营养配方实践

研究内容很多,可以选择不同的方面进行实践。

5. 实践场地和材料

园艺实践室全面开放,提供市售的消毒处理液、营养液,提供有关药品和检测设备,植物材料自行解决。

6. 独立完成或小组合作

限于场地等因素，鼓励3～5人以小组形式完成实践设计和实施，然后独立完成数据分析和实践报告撰写。

四、作业

(1) 数据分析:在实践设计时应考虑数据的统计问题，只有经过统计分析的数据才有说服力。

(2) 实践报告格式:实践报告的格式参照毕业论文的要求。

(3) 参考文献:在图书馆查阅有关文献，或通过网络在期刊网中搜索。

实践 17　花卉修剪的艺术造型

一、实践目的

花卉通过合理的修剪造型，可以使其造型优美整齐，层次分明，高低适中，枝叶稀密调配适当，从而提高其观赏价值。不仅如此，通过及时剪去不必要的枝条，可以节省养分，调整树形，改善通风透光条件，促使花卉提早开花和健壮生长。

二、材料、用品

（1）材料：花木品种。

（2）用品：枝剪等。

三、步骤

（1）方式：摘心、抹芽、折枝捻梢、曲枝、剥蕾、摘叶、剪除残花、剪根、修枝等。

（2）时间：生长期修剪，多在花卉生长期或开花以后进行，通常以摘心、抹芽、摘叶的方式剪除徒长枝、病枝、枯枝、花梗等。在休眠期修剪，宜于早春树液刚开始流动，芽即将萌动时进行。修剪过早，伤口难以愈合，萌芽后遇寒流易遭冻害；修剪太迟，新梢已长出，浪费了大量营养。休眠期修剪常用于木本花卉或宿根花卉。

（3）原则：萌芽力强的植物应多剪，重剪；萌芽力差的应少剪，轻剪。对庭园树种，一般对强主枝重剪，弱主枝轻剪。修剪要本着“留外不留内，留直不留横”的原则，剪去病枯枝、细弱枝、徒长枝、交叉枝。对五针松、茶花、白兰等不易发枝的花木，不要随便剪枝。剪口处的芽向外侧生长，剪口不能离芽太近，否则芽易失水干枯。

（4）艺术造型：观叶植物“T”形修剪，采用铁丝牵引整姿法及编绞主干整姿法。

四、作业

以一种花卉为例，总结修剪方法。

实践 18　山水盆景的制作

一、实践目的

通过构思设计和实际操作制作山水盆景，学习山水盆景的制作方法。

二、材料、用品

石材、胶合剂、植物、配件等。

三、步骤

1. 构思立意

或表现自然山水，或奇或险，或峻或幽，设计前打好腹稿或勾画草图。

2. 相石与布局

因意选石，意在笔先，或因形赋意，立意在后。

3. 山石加工

无论硬石或软石的加工都要把底部锯平，用钢锯锯截（大部分软石）或切石机切割（硬石）。

雕琢松石质地疏松，可琢出各种山石纹理和形态。先用特别的山石加工锤凿出大轮廓，再凿出丘壑和粗的纹理，然后用刻刀或钢锯条细细地拉出细纹，从而达到远观气势磅礴，近看纹理细腻，卧峰曲折多变，竖峰高低错落有致的效果。

拼接胶合用水泥胶合或环氧树脂胶合，山水盆景多用高标号水泥，加少量细砂，水泥∶细砂约为 2∶1。微型山水盆景最好用环氧树脂胶合，比用水泥胶合显得精致，按主峰胶合→整体胶合→固定补脚的顺序进行。注意拼接的“合缝”与“合色”，软石宜竖接不宜横接，防切断水脉。

配置、点缀等考虑比例、位置、数量与色调，且要因地制宜。

山水盆景制成后，根据创作意图和具体造型给作品题名。

四、作业

制作山水盆景，并写出主题、注意事项等。

实践 19　树桩盆景的制作

一、实践目的

掌握树桩盆景的基本制作方法与程序。

二、材料、用品

(1) 材料：三角梅、六月雪、福建茶，砂积石、英德石等。

(2) 用品：工作台、枝剪、手锯、金属丝、盆景盆、雕刻刀、油漆刀、水泥、乳胶、颜料、切石机等。

三、步骤

以三角梅微型树桩盆景制作为例。

取材选生长健壮、枝干流畅、根盘发达平衡、分枝较多的盆栽三角梅，用金属丝缠绕弯曲，如顶梢过长，可适当修剪。缠绕顺序由下至上，由主干至分枝。金属丝与树干的粗细程度相近，缠绕时如要使树干向右扭旋弯曲，金属丝则应顺时针缠绕；反之，则应逆时针缠绕。金属丝与树干成 45°角。

做弯要领：双手拇指和食指、中指配合，慢慢扭动，重复数次，使其韧皮部、木质部都得到一定程度的松动。若一开始用力过猛，甚易折断。做弯要比所要求的弧度稍大一点，一次达不到理想弧度时，可渐次做弯。

枝片布局：根据自然分枝状况和立意确定片数和片层间距，将第一起枝高度选在树干高 1/3 处作为参考，通过摘心、短截或蟠扎等方法蓄养枝片。

结顶形式：或平、圆，或斜、枯。平者端庄，圆者自然茂盛，斜者有动感，枯梢险峻，可据立意选择。

除去部分旧土，剪去部分老根，上盆。

露根与提根：生长健壮，根盘好，可露根养护；否则，可用拥土(或沙)养根、再提根，增加桩景老态之感。

盆面修饰与配几架：制作成形后或以配石、配件点缀，或铺以青苔；最后配盆、配几架，形成完整的“一景二盆三几架”。注意从形、色、质、韵等方面考虑，使之协调。

养护管理：配合正常的水肥管理，不断造型、改型或保型。

四、作业

完成三角梅(或其他树种)树桩盆景的制作过程。

实践 20　干花的制作

一、实践目的

掌握干花的制作方法。

二、材料、用品

各类鲜花。

三、步骤

1. 石英砂干燥法

采摘合适的花材，最好选择花形体积较小，花秆坚硬、含水量较低的花材，含苞和刚开放的花为首选。然后，除去多余的叶子和病弱残枝。底部要先加部分的石英砂，操作时固定花柄。将花材竖直放置，花柄固定在石英砂中。注意要竖着放，不然石英砂的重量容易改变花朵的形状。

用小勺慢慢地往容器中添加石英砂。在操作过程中要细心，并不断地轻微摇晃容器，以便石英砂可以充分填充空隙。同时要及时调整花的姿态，确保完全淹没于石英砂中。

在阴凉干燥处静置约一周时间，静置时间视空气湿度及花瓣的含水量调整，时间越久，干燥程度越高。

将花朵取出时的操作要细心，不要破坏花朵的状态，再用软毛刷刷去表面浮尘。

2. 微波炉烘烤法

微波炉烘烤法是最快的方法，但只适用于较扁平的花卉，如雏菊、金盏花、月季花、满天星等。

将鲜花平铺在纸上，一朵朵分开，避免干后粘连在一起。将纸对折，使植物压在里面。放进微波炉，加热 30～60 s 即可。

四、作业

制作 5 种以上花卉的干花。

 实践 21　干花的应用花艺

一、实践目的

了解各类花卉的花色、花形、叶色、叶形。掌握花卉的应用及组图方法。

二、材料、用品

(1) 材料:各种花卉,叶片等。
(2) 用品:卡纸、白乳胶等。

三、步骤

(1) 主题选择。
(2) 设计与构图。
(3) 背景处理、花材的粘贴、花材的重新组合。
(4) 作品装裱。

四、作业

制作一幅自然状态下的干花画,写明主题,并附上拍摄制作步骤照片、成品。

 实践 22 叶脉画的制作

一、实践目的

了解各类花卉的叶脉、叶形，掌握其应用及组图方法。

二、材料、用品

选择叶脉粗壮而密的树叶，一般以常绿木本植物为宜，如桂花叶、石楠叶、木瓜叶、桉枝叶、茶树叶等。选用叶片充分成熟并开始老化的夏末或秋季叶片制作。

三、步骤

(1) 煮叶片：按 950 g 水加氢氧化钠 50 g，煮的过程中轻轻拨动叶子，防止叶片叠压，使其均匀受热。煮沸 20 min 左右，待叶片变黑后，捞取一片叶子。

(2) 去掉叶肉：将煮后的叶片放在玻璃板上，用旧牙刷柄光滑处在叶面上轻轻擦拭，受腐蚀的叶肉即可被擦掉，然后在清水下冲洗，继续擦拭，直到叶肉全部去掉。

(3) 漂白叶脉：将去掉叶肉的叶片放在漂白粉溶液中漂白后捞出，用清水冲洗后夹在旧书或报纸中，吸干水分后取出，即可成为叶脉书签。

(4) 染色、绘图、写字：用红、蓝墨水或其他染色剂将叶脉书签染成你所喜爱的颜色，亦可在上面作画、写字，组图。

四、作业

制作一幅叶脉画。

实践23 现代插花的制作

一、实践目的

现代插花指融汇了东西方插花的特点，在选材、构思及造型上不拘一格的插花形式。现代插花的特点：①选材自由广泛，可使用真实的、仿真的植物材料和装饰性材料（塑料、树脂、金属等）；②造型灵活多变，使自然美和人工美和谐统一；③颜色以天然色和装饰色相结合，色彩更丰富；④主题的表现可以通过一件作品，也可以通过数件作品；⑤既有东方简洁的线条，又有西方大团块式的构图。

要求学生理解现代插花的构思要求和基本创作过程，掌握制作技法、叶材处理技法、花材处理技法及花材固定技术，并应用这些技能完成一件现代插花作品。

二、材料、用品

(1) 材料：花材。

(2) 用品：枝剪、裁纸刀、花器、花泥、铁丝、绿胶带、金属线、订书机等。

三、说明

现代插花大致分为东西式结合的现代插花与抽象的自由插花两种类型，但无论哪种类型的插花，都由形态、质感、色彩、空间等要素组成。为了更好地表现作品需要强调的要素，如质感的魅力、线条的优美及形态的对比或色彩的调和等，现代花艺除对花材进行简单的弯曲、折叠、剪裁加工外，还采用了分解、重组、构筑、组群与群聚、铺垫、阶梯、重叠、加框、捆束和捆绑、构架、编织、粘贴、串联、透视和包卷等技能。

四、步骤

(1) 加工水蜡烛叶片、巴西铁叶片、剑叶。

(2) 将上述材料结合百合、黄莺等完成一件作品。

五、作业

根据实践结果，分析如何选择花材和容器的大小、色彩，如何进行花形的设计，并总结操作中的注意事项。

实践 24　自由插花的制作

一、实践目的

自由插花属于现代插花的范畴，它不拘泥于形式，强调装饰效果，随表现主题的需要任意造型，可以由单个图形或单个作品表现，也可以由多个图形或多个作品组合造型，方式灵活多变，富有创造性。要求学生在理解与掌握现代插花的构思要求和基本创作过程的基础上，自主设计并完成一件插花作品。

二、材料、用品

（1）材料：各式花材。
（2）用品：枝剪、裁纸刀、花器、花泥、铁丝、绿胶带、金属线、订书机等。

三、说明

自由插花是一种抽象、写意、非常个性化的插花形式，结合了东西方插花的优点，在造型上不受传统固定规程的约束，任意挥洒，是作者依据自己的思想创造出来的作品。其选择的花材范围广，不限花、叶、茎、根、皮、果，也不限鲜花、干花等，而且常将花材分解或重新组合后以新的形态进入作品。有机玻璃、彩纸片、铁丝、电线等异质材料也可以配合配型，各种材料有机统一，新颖奇异，作品具浓郁的时代气息。自由插花可以是单个图形或单个作品，也可以多个图形或多个作品组合，灵活多变，极富创意。可通过花材的色彩、美态，并结合花器来体现主题，同时吸收了现代雕塑、工艺等造型艺术的精髓，比传统插花更富有装饰性，更自由、更抽象、更具美感，也更富时代气息，与现代科技和现代人的生活方式紧密相关。

四、步骤

（1）准备花材。
（2）先构思立意，确定进行的插花所要表现的主题与蕴藏的内涵。
（3）去掉花卉的残枝败叶，根据不同式样，进行长短剪裁，根据构图的需要进行弯曲处理。
（4）花材的固定。
（5）拍照并评分。

五、作业

分析如何选择花材和容器的大小、色彩，如何进行自由插花的设计，并总结操作中的注意事项。

第15章 华南地区常见植物名录

15.1 广州起义烈士陵园植物名录

1. 羊蹄甲 ***Bauhinia purpurea*** **L.**

豆科羊蹄甲属，可种植于庭园或作为园林风景树、行道树，华南常见花木之一。

2. 山杜英 ***Elaeocarpus sylvestris*** **(Lour.) Poir.**

杜英科杜英属，观叶植物，多作为行道树、园林树。

3. 朱槿 ***Hibiscus rosa-sinensis*** **L.**

锦葵科木槿属，花大色艳，全年大红花开花不断，观赏期长。在南方多植于池畔、亭前、道旁和墙边，可作盆栽，布置公园、花坛、会场及家庭养花，点缀阳台或庭园。

4. 银合欢 ***Leucaena leucocephala*** **(Lam.) de Wit**

豆科银合欢属，热带、亚热带地区可作为园林树，寒冷地区可温室栽培。

5. 凤凰木 ***Delonix regia*** **(Boj.) Raf.**

豆科凤凰木属，枝叶广展如凤凰的羽毛，开花时红花绿叶，对比强烈，可作为行道树，也可植于水岸旁。

6. 黄槐决明 ***Cassia surattensis*** **Burm. f.**

豆科决明属，花色金黄灿烂，花期长，具热带风情，是优良的行道树、孤植树种，适宜种植在庭园、路边。

7. 三角梅 ***Bougainvillea glabra*** **Choisy**

紫茉莉科叶子花属，品种多，花期长，花色艳丽，枝条柔韧性好，耐修剪，方便做造型，观赏价值较高，用于道路绿化或者修剪成盆景，做成造型和绿篱搭配园林小品。

8. 美丽异木棉 ***Ceiba speciosa*** **(A. St. -Hil.) Ravenna**

锦葵科吉贝属，优良的观花树种，可用于庭园绿化或作为行道树和遮阴树，盆景。成年树树干呈酒瓶状，冬季盛花期满树姹紫嫣红。能吸附空气中的有害物质，清新空气。

9. 大花紫薇 ***Lagerstroemia speciosa*** **(L.) Pers.**

千屈菜科紫薇属，花紫红色，花色清新淡雅，可作为行道树、观赏树。

10. 朱缨花 ***Calliandra haematocephala*** **Hassk.**

豆科朱缨花属，花鲜红色，绒球状，是观赏价值较高的观花品种，可作为盆栽，或用于公园绿化，在温室内长势良好。

11. 苏铁 ***Cycas revoluta*** **Thunb.**

苏铁科苏铁属，树形古雅，主干粗壮，坚硬，栽培极为普遍。南方多植于庭前阶旁及草坪内,北方作为大型盆栽,布置庭园、屋廊及厅室。

12. 一点红 ***Emilia sonchifolia*** **(L.)DC.**

菊科一点红属,常作为树坛、林缘、隙地的绿化点缀材料,也可作为切花材料。

13. 灰莉 ***Fagraea ceilanica*** **Thunb.**

马钱科灰莉属,常绿,花大形,芳香,长势良好,枝繁叶茂,树形优美,是优良的庭园、室内观叶植物。

14. 龙船花 ***Ixora chinensis*** **Lam.**

茜草科龙船花属,在热带地区适宜露地栽植,作为庭园、宾馆、小区、道路旁及各风景区的植物选景;也可作为盆栽,用于宾馆、会场布景、窗台、阳台摆设;少量品种可用于切花。

15. 基及树 ***Carmona microphylla*** **(Lam.)G. Don**

紫草科基及树属,绿叶白花,花期长,生长力强,耐修剪,适合制作盆景,也可在园林绿地中种植。

16. 红花檵木 ***Loropetalum chinense*** **var.** ***rubrum*** **Yieh**

金缕梅科檵木属,彩叶植物,花繁密而显著,初夏开花,颇为美丽,丛植于草地、林缘或与石山相配。

17. 五爪金龙 ***Ipomoea cairica*** **(L.)Sweet**

旋花科番薯属,夏、秋季常见的蔓生花卉,可作为垂直绿化带和小型花架的材料。

18. 三药槟榔 ***Areca triandra*** **Roxb. ex Buch.-Ham.**

棕榈科槟榔属,常绿小乔木,是庭园、别墅绿化美化的珍贵树种,也是会议室、展厅、宾馆、酒店等建筑物厅堂装饰的主要观叶植物。

19. 桂花 ***Osmanthus fragrans*** **Lour.**

木樨科木樨属,常绿,枝繁叶茂,秋季开花,芳香四溢,桂花常与建筑物、山、石相配,丛生灌木型植株,植于亭、台、楼、阁附近。

20. 山茶 ***Camellia japonica*** **L.**

山茶科山茶属,花顶生,红色,耐阴,配植于疏林边缘、假山旁构成山石小景,花色艳丽,增加色彩之美。

21. 盆架树 ***Alstonia rostrata*** **C. E. C. Fisch.**

夹竹桃科盆架树属,有分层效果,像洗脸用的脸盆架。花黄绿色,秋季开花,气味浓郁,有止咳平喘的功效。开花后的味道很浓,不适宜在同一地方种植多株。有抗风和耐污染能力,常作为公园观赏树或行道树。

22. 秋枫 ***Bischofia javanica*** **Bl.**

大戟科秋枫属,树叶繁茂,树姿壮观,宜作为庭园树、行道树、风景树和绿化树,可在草坪、湖畔、溪边、堤岸栽植。根、树皮及叶可入药。材质优良,坚硬耐用,深红褐色,供建桥梁、车辆、造船。

23. 小叶榄仁 ***Terminalia neotaliala*** **Capuron**

使君子科榄仁树属,绿荫遮天,可作为行道树、园景树,种植在庭园、校园、公园、风景区、停车场等,可单植、列植或群植。

24. 菩提树 ***Ficus religiosa*** **L.**

桑科榕属,可作为寺院、街道、公园等的行道树。

25. 波罗蜜 *Artocarpus heterophyllus* Lam.

桑科波罗蜜属，树形整齐，冠大荫浓，果奇特，是优美的庭荫树和行道树。

26. 狐尾椰子 *Wodyetia bifurcata* A. K. Irvine

棕榈科狐尾椰属，枝叶状如狐狸的大尾巴，生动有趣，可营造出热带风光。在道路两旁列植，或在庭园、广场孤植作为景观树，也可以片植营造滨海风光，或者在温室中搭配种植。

27. 乌蔹莓 *Causonis japonica* (Thunb.) Raf.

葡萄科乌蔹莓属，大型草本攀援植物，大部分时间花果共存，花盘的色彩鲜艳，引人注目。

28. 南美蟛蜞菊 *Sphagneticola trilobata* (L.) Pruski

菊科蟛蜞菊属，多年生草本植物，常年大量开花且生长稳定，适当修剪保持其低矮度和整齐度，常作为地被绿化，也适合于花坛或者吊盆栽培作为悬垂绿化。

29. 桂叶山牵牛 *Thunbergia laurifolia* Lindl.

爵床科山牵牛属，高大藤本，用作庭园绿植，美化环境。

30. 印度榕 *Ficus elastica* Roxb. ex Hoem

桑科榕属，可盆栽观赏，常用于宾馆、饭店美化环境，乳汁为橡胶原料。

31. 山乌桕 *Triadica cochinchinensis* Lour.

大戟科乌桕属，优良的秋色植物，叶片长时间呈红色，可营造美丽的植物景观，在城郊公园或森林公园中常成片种植，春、秋、冬季都可观赏红叶。

32. 潺槁木姜子 *Litsea glutinosa* (Lour.) C. B. Rob.

樟科木姜子属，常绿，花黄色，萌芽力强，作为行道树、庭荫树、风景树，也可于生态景观林带片植作为基调树种，对重金属富集能力较强，抗性较好。

33. 淡竹叶 *Lophatherum gracile* Brongn.

禾本科淡竹叶属，适合大面积片植，也可作为庭园观赏树种，多于宅旁成片栽植，防风，并绿化环境。上等的淡竹叶作为农用、篾用竹种，笋供食用。

34. 非洲楝 *Khaya senegalensis* (Desr.) A. Juss.

楝科非洲楝属，常绿乔木，作为公园、庭园绿化树和行道树。

35. 糖胶树 *Alstonia scholaris* (L.) R. Br.

夹竹桃科鸡骨常山属，幼年树可修剪成盘状或曲枝造型，老树可培育为多种形态的盆栽桩景。

36. 鸡蛋花 *Plumeria rubra* L.

夹竹桃科鸡蛋花属，花白色黄心，芳香，可进行孤植、丛植、临水点缀等，在华南地区被广泛应用于公园、庭园、绿化带、草坪等的绿化、美化，在北方用于盆栽观赏。

37. 红果仔 *Eugenia uniflora* L.

桃金娘科番樱桃属，枝叶生长茂密，四季常绿，可修剪成圆形、锥形等各种造型。观果植物，果枝典雅可爱，在校园内常作为道旁观赏植物，在北方多作为盆栽观赏。

38. 南洋杉 *Araucaria cunninghamii* Sweet

南洋杉科南洋杉属，喜潮湿暖热气候，在广东的长势好。常绿乔木，树形高大，宜作为园景树、纪念树或行道树，可以吸收有害气体和抵御风沙，具有生态绿化的作用。

39. 罗汉松 *Podocarpus macrophyllus* (Thunb.) Sweet

罗汉松科罗汉松属，枝条可塑性强，可做植物造型，如塔形或者圆球形；耐阴性强，广泛用于庭园绿化，宜作孤植、对植或树丛配植，也可造型后用于景点布置。

40. 鸡冠花 *Celosia cristata* L.

苋科青葙属，一年生花卉，花序红色，形似鸡冠，抗污染的观赏花卉，适宜用作厂、矿绿化，也用于点缀树丛外缘，做切花、干花等。

41. 假连翘 *Duranta erecta* L.

马鞭草科假连翘属，枝细柔伸展，适合做造型，终年开花不断，果可药用。适宜盆栽，布置厅堂、会场或吊盆观果，在公园、庭园中丛植观赏，或作为花篱、切花材料。

42. 沿阶草 *Ophiopogon bodinieri* Levl.

百合科沿阶草属，多年生常绿草本，在南方多栽于建筑物台阶的两侧。

43. 紫薇 *Lagerstroemia indica* L.

千屈菜科紫薇属，可作为行道树、庭园和公共绿地观赏树、单位、工矿区绿化树种及盆景材料，作为配植植物时最好不用偶数。

44. 南洋楹 *Falcataria falcata*(L.)Greuter & R. Rankin

豆科南洋楹属，生长迅速，树形美观，可作庭园绿荫树种，也是良好的经济林木。

45. 大叶棕竹 *Rhapis excelsa* 'Vastifolius'

棕榈科棕竹属，阴生观叶植物，株丛挺拔，疏密有致，富有热带风韵，常用于点缀园林小景。

46. 夹竹桃 *Nerium oleander* L.

夹竹桃科夹竹桃属，花冠粉红至深红或白色，有特殊香气，是有名的观赏花卉。

47. 朱蕉 *Cordyline fruticosa*(L.)A. Chev.

天门冬科朱蕉属，长叶鲜艳，宜温室盆栽，在室内耐阴性不强，也不适应空气干燥的室内环境。

48. 黄脉爵床 *Sanchezia nobilis* Hook. f.

爵床科黄脉爵床属，多年生常绿，典型观叶植物。

49. 红背桂 *Excoecaria cochinchinensis* Lour.

大戟科海漆属，株形矮小，叶表面绿色、背面紫红色，耐阴，是优良的盆栽观叶花卉，常种植于庭园。

50. 合果芋 *Syngonium podophyllum* Schott

天南星科合果芋属，适合盆栽和盆景制作，是典型的观叶植物。

51. 细棕竹 *Rhapis gracilis* Burret

棕榈科棕竹属，常绿丛生灌木，耐阴，株丛挺拔，叶形清秀，宜种植于窗外、路旁、花坛或廊隅等处，也可盆栽和制作盆景，茎秆可制作手杖和伞柄。

52. 大叶仙茅 *Curculigo capitulata*(Lour.)O. Kuntze

石蒜科仙茅属，开黄色花，可以庭植或盆栽，观叶植物。

53. 龟背竹 *Monstera deliciosa* Liebm.

天南星科龟背竹属，耐阴，南方多种植于庭园中，散植于公园池旁、溪沟、山石旁和石隙中。

54. 水鬼蕉 *Hymenocallis littoralis*(Jacq.)Salisb.

石蒜科水鬼蕉属，花形别致，叶形美丽，园林中作花境条植，草地丛植，温室盆栽用于室内、门厅、道旁、走廊陈设。

55. 狗牙花 *Tabernaemontana divaricata*(L.)R. Br. ex Roem. & Schult.

夹竹桃科狗牙花属，喜湿润高温，不耐寒，是重要的衬景和调配色彩的观赏花卉，适宜作为花篱、花径或大型盆栽。

56. 龙眼 *Dimocarpus longan* Lour.

无患子科龙眼属，常绿乔木，喜暖热、湿润气候，是华南地区的重要果树，宜庭园种植。

57. 龙柏 *Sabina chinensis* 'Kaizuca'

柏科刺柏属，两针一束，喜阳，忌积水，树形优美，枝叶碧绿青翠，种植于公园、庭园、绿墙和高速公路中央隔离带。成活率高，是园林绿化中使用最多的灌木，生长旺盛，观赏价值高。

58. 白兰 *Michelia×alba* DC.

木兰科含笑属，喜光，落叶乔木，花洁白、清香，可在庭园路边、草坪角隅、亭台前后或漏窗内外、洞门两旁等处种植，孤植、对植、丛植或群植均可。

59. 石栗 *Aleurites moluccanus* (L.) Willd.

大戟科石栗属，树形高大，是优良的木材植物。

60. 垂花悬铃花 *Malvaviscus penduliflorus* Candolle

锦葵科悬铃花属，常绿小灌木，花红色或白色，在热带地区全年开花不断，适宜用于热带、亚热带地区的园林绿化，庭园、绿地、行道树的配植，也可用作大型盆栽、剪扎造型和盆栽观赏。

61. 假蒟 *Piper sarmentosum* Roxb.

胡椒科胡椒属，多年生草本植物，小枝近直立，无毛或幼时被极细的粉状短柔毛；叶近膜质，有细腺点，下部的阔卵形或近圆形；花单性，雌雄异株，聚集成与叶对生的穗状花序；总花梗与花序等长或略短，被粉状短柔毛；花序轴被毛；苞片扁圆形；果近球形；花期 4—11 月。

62. 粉单竹 *Bambusa chungii* McClure

禾本科簕竹属，一种可供编制器具的篾用竹，常用作农业器具的编织材料，也是竹编花篮的用料，还可用于造纸。在园林上，植于园林的山坡、院落或道路、立交桥边。

63. 阴香 *Cinnamomum burmanni* (Nees & T. Nees) Bl.

樟科樟属，树冠浓密，在城市作为行道树及庭园观赏树，对氯气和二氧化硫均有较强的抗性，是理想的防污绿化树种。

64. 冬青 *Ilex chinensis* Sims

冬青科冬青属，观叶植物，四季常青，树冠高大，宜作为庭荫树、园景树，可孤植于草坪、水边，列植于门庭、墙标、甬道，也可作为绿篱、盆景，果枝可插瓶观赏。

65. 榕树 *Ficus microcarpa* L. f.

桑科榕属，用作行道树、庇荫树、园林景观树与孤赏树，也可用于生态造林。

66. 花叶艳山姜 *Alpinia zerumbet* 'Variegata'

姜科山姜属，叶色秀丽，花姿雅致，芳香，盆栽适宜厅堂摆设，室外栽培点缀庭园、池畔或墙角处，也可切叶。

67. 菜豆树 *Radermachera sinica* (Hance) Hemsl.

紫葳科菜豆树属，用作观赏景观树。

68. 人心果 *Manilkara zapota* (L.) van Royen

山榄科铁线子属，观叶植物，高大乔木，果主要供鲜食。树姿优美，可作观赏，栽培容易，不少热带国家广泛种植。

69. 金边龙舌兰 *Agave americana* var. *marginata* Trel.

天门冬科龙舌兰属，观叶植物，四季常青，叶片边缘有黄色的金边，蓝色果，用作盆栽。

70. 山菅兰 *Dianella ensifolia* (L.) DC.

百合科山菅属，地被植物，配植效果良好。周边用绿植保护，以防行人被伤。

71. 地毯草(大叶油草)*Axonopus compressus*(Sw.)Beauv.

禾本科地毯草属,多年生草本植物,抗病虫害能力强,铺种成本低,耐阴、耐踩的草种。

72. 角茎野牡丹 *Tibouchina granulosa*(Desr.)Cogn.

野牡丹科蒂牡丹属,观花植物,可孤植、丛栽和布置园林。

73. 山茶 *Camellia japonica* L.

山茶科山茶属,四季常绿,分布广泛,树姿优美,是中国南方重要的植物造景材料之一。

74. 孔雀竹芋 *Goeppertia makoyana*(É. Morren)Borchs. & S. Suárez

竹芋科肖竹芋属,叶色丰富多彩,观赏性极强,耐阴性强,是世界上著名的室内观叶植物之一,可种植于庭园、公园的林荫下或路旁。在北方地区,可在观赏温室内栽培,用于园林造景观赏。孔雀竹芋是高档的切叶材料,可直接用作插花或插花的衬材。

75. 水石榕 *Elaeocarpus hainanensis* Oliv.

杜英科杜英属,观花观叶植物,木本花卉,花冠洁白淡雅,花期长。宜于草坪、坡地、林缘、庭前、路口丛植,宜作为庭园风景树,也可作其他花木的背景树。

76. 木芙蓉 *Hibiscus mutabilis* L.

锦葵科木槿属,花形大,色彩艳丽,在庭园栽植,可孤植、丛植于墙边、路旁、厅前或栽作花篱等,适宜配植水滨,在北方地区可盆栽观赏。

77. 扇叶露兜树 *Pandanus utilis* Borg.

露兜树科露兜树属,观叶植物,海滨绿化树种也可用作绿篱和盆栽观赏。

78. 美人蕉 *Canna indica* L.

美人蕉科美人蕉属,枝叶茂盛,花大色艳,花期长,丰富园林绿化中的色彩和季相变化,美观自然,应用于道路分车带,可使街道景观显得生机勃勃。公共绿地中大片丛植,可展现其群体美,也用来布置花径、花坛增加情趣。在建筑周围栽植,可柔化钢硬的建筑线条。

79. 三角椰子 *Dypsis decaryi*(Jum.)Beentje & J. Dransf.

棕榈科金果椰属,茎上端由叶鞘组成,近三棱柱状,形态奇特,适宜于无霜冻地区庭园栽培,供观赏。

80. 酒瓶椰子 *Hyophorbe lagenicaulis*(L. H. Bailey)H. E. Moore

棕榈科酒瓶椰属,株形奇特,似酒瓶,非常美观,是一种珍贵的观赏棕榈植物。其生长较慢,寿命长达数十年,能直接栽种于海边,可盆栽,也可孤植于草坪或庭园之中,适宜于庭园配植和盆栽观赏。

81. 荷花木兰 *Magnolia grandiflora* L.

木兰科木兰属,叶大荫浓,花似莲,芳香,园林绿化观赏树种;可作为园景、行道树、庭荫树;宜孤植、丛植或成排种植;耐烟抗风,对二氧化硫等有毒气体有较强的抗性,是净化空气、保护环境的树种。

82. 含笑花 *Michelia figo*(Lour.)Spreng.

木兰科含笑属,一年开两次花,枝密叶茂,四季常青。著名的芳香花木,适合成丛种植在小游园、花园、公园或街道,可配植于草坪边缘或稀疏林丛之下,使游人在休息时能享受到芳香气味。

83. 苏铁 *Cycas revoluta* Thunb.

苏铁科苏铁属,树形古雅,坚硬如铁,四季常青,为珍贵观赏树种,南方多植于庭前阶旁及草坪内,北方宜作为大型盆栽。

84. 鹅掌柴 *Heptapleurum heptaphyllum*(L.)Y. F. Deng

五加科鹅掌柴属，藤状灌木，四季常春，植株丰满优美，易于管理，大型盆栽，适合在宾馆大厅、图书馆的阅览室和博物馆展厅等处摆放，也可在庭园遮阴处和楼房阳台上观赏，亦可庭园孤植，是南方冬季的蜜源植物。

85. 杧果 *Mangifera indica* L.

漆树科杧果属，果嫩叶红紫，树荫浓密，花果都很美丽，有热带"果王"之美称。宜作庭荫树，遮阴、观花、观果，也可作行道树、公路树，栽培管理容易。

86. 紫玉兰 *Yulania liliiflora*(Desr.)D. L. Fu

木兰科玉兰属，有美化、绿化、观赏作用，在早春季节开花，芳香四溢。

87. 荔枝 *Litchi chinensis* Sonn.

无患子科荔枝属，树冠广阔，枝叶茂密，也常种植于庭园。

88. 垂枝红千层 *Callistemon viminalis*(Soland.)Cheel.

桃金娘科红千层属，细枝倒垂如柳，与红色花序相映衬，适合作为行道树、园景树。庭园、校园、公园、游乐区、庙宇等处均可单植、列植、群植，尤适宜于水池斜植，甚美观。

89. 竹柏 *Nageia nagi*(Thunb.)Kuntze

罗汉松科竹柏属，常绿观赏树木，观叶植物，叶形奇异，终年苍翠；树干修直，叶茂荫浓，抗病虫害强，可在公园、庭园、住宅小区、街道等地段内成片栽植，也可与其他常绿落叶树种混合栽种。

90. 海桐 *Pittosporum tobira*(Thunb.)Ait.

海桐科海桐属，枝叶茂密，四季碧绿，呈圆球形，开花芳香，是南方城市及庭园常见绿化观赏树种，可孤植或丛植于草坪边缘或路旁、河边，也可群植组成色块，海岸防潮林、防风林及厂矿区绿化树种，并宜作城市隔噪声和防火林带的下木，华北多盆栽观赏。

91. 锦绣杜鹃 *Rhododendron×pulchrum* Sweet

杜鹃花科杜鹃花属，成片栽植，开花时万紫千红，可增添自然景观效果，也可在岩石旁、池畔、草坪边缘丛栽。盆栽摆放于宾馆、居室和公共场所，绚丽夺目。

92. 南天竹 *Nandina domestica* Thunb.

小檗科南天竹属，常见的木本花卉种类，植株优美，果鲜艳，对环境的适应性强，可作为园林内的配植植物，可以观其鲜艳的花果，也可作室内盆栽，或者观果切花。

93. 蒲桃 *Syzygium jambos*(L.)Alston

桃金娘科蒲桃属，花、叶、果均可观赏，绿荫效果好，可作庭荫树和故堤树、防风树用，开花量大，香气浓，是良好的蜜源植物，也是上等的家具用材。

94. 柳叶榕 *Ficus celebensis* Corner

桑科榕属，幼树可曲茎、提根靠接，做多种造型，制成艺术盆景，具有清洁空气、绿荫、景观等方面的作用。

95. 狗牙根 *Cynodon dactylon*(L.)Pers.

禾本科狗牙根属，耐践踏，生命力强，常用于绿地、公园、风景区、运动场和高尔夫球场发球区的草坪建植，也可作保土草坪。

96. 黄花风铃木 *Handroanthus chrysanthus*(Jacq.)S. O. Grose

紫葳科风铃木属，花期 3—4 月，四季变化明显，是花卉苗木观赏树种中的上品，可在园林、庭园、公路、风景区作草坪，水塘边作庇荫树或行道树，适宜单独种植或并列种植观赏。

97. 老人葵 *Washingtonia filifera* (Lind. ex Andre) H. Wendl

棕榈科丝葵属，树形壮大，成长快，适合作为行道树、添景树。台湾低海拔地区各式庭园均可单植、列植、群植，尤其列植为行道树或绿地添景树。

98. 百合竹 *Dracaena reflexa* Lam.

天门冬科龙血树属，叶色殊雅，为室内观叶植物佳品。

99. 春羽 *Philodendron bipinnatifidum* Schott ex Kunth

天南星科喜林芋属，多年生常绿草本植物，全叶羽状深裂，呈革质。花单性，肉穗花序稍短于佛焰苞，种子外皮红色。

100. 朱缨花 *Calliandra haematocephala* Hassk.

豆科朱缨花属，多年生木本植物，枝条扩展，小枝褐色；叶片呈卵状披针形；头状花序腋生，花冠淡紫红色；荚果线状倒披针形，暗棕色，果瓣外翻；种子长圆形，棕色；花期 8—9 月，果期 10—11 月。花朵外形奇特，像红缨枪头那一扎红一样，故得名。

101. 琴叶珊瑚 *Jatropha integerrima* Jacq.

大戟科麻风树属，常绿灌木。花朵不大，花期长，是庭园常见的观赏花卉，被广泛应用于景观，适合庭植或大型盆栽。

102. 黄花夹竹桃 *Thevetia peruviana* (Pers.) K. Schum.

夹竹桃科黄花夹竹桃属，常绿，有特殊香气，较适应城市自然条件，常植于公园、庭园、街头、绿地等处。

103. 佛肚竹 *Bambusa ventricosa* McClure

禾本科簕竹属，灌木状丛生，状如佛肚，四季翠绿。缀以山石，观赏效果颇佳。室内盆栽，适合庭园、公园、水滨等处种植，与假山、崖石等配植更显优雅。

104. 米仔兰 *Aglaia odorata* Lour.

楝科米仔兰属，用作盆栽，既可观叶又可赏花。黄色花，形似鱼子，因此又称鱼子兰。开花季节浓香四溢，可用于布置会场、门厅、庭园及作为家庭装饰。落花季节又可作为常绿植物陈列于门厅外侧及建筑物前。

105. 九里香 *Murraya exotica* L. Mant.

芸香科九里香属，树姿优美、枝叶秀丽、花香宜人，四季常青，可在园林绿地中丛植、孤植，或植为绿篱，寒地可盆栽观赏。

106. 落羽杉 *Taxodium distichum* (L.) Rich.

杉科落羽杉属，树形整齐美观，近羽毛状的叶丛极为秀丽，入秋叶变成古铜色，是良好的秋色叶树种，尤其适合水旁配植，具防风护岸之效。

107. 洋蒲桃 *Syzygium samarangense* (Bl.) Merr. & Perry

桃金娘科蒲桃属，果皮为乳白色，果肉厚而多汁，香味浓郁，可生食，由于洋蒲桃的树形丰满，因此也是良好的庭园绿化树种。

108. 刺桐 *Erythrina variegata* L.

豆科刺桐属，适合单植于草地或建筑物旁，可美化公园、绿地及风景区，又是公路及市街的优良行道树。花美丽，可栽作观赏树木。本种生长较迅速，可栽作胡椒的支柱。

109. 肾蕨 *Nephrolepis cordifolia* (L.) C. Presl

肾蕨科肾蕨属，作为盆栽可点缀书桌、茶几、窗台和阳台，也可吊盆悬挂于客室和书房，在园林中可布置在墙角、假山和水池边，其叶片可作为切花、插瓶的陪衬材料，被誉为“土壤清洁工”,具有净化环境的作用。

110. 黄金香柳 *Melaleuca bracteata* 'Revolution Gold'

桃金娘科白千层属,常绿乔木,可用于庭园景观、道路美化、小区绿化。由于其抗盐碱、耐强风,适用于海滨及人工填海造地的绿化造景、防风固沙等。

111. 孔雀木 *Schefflera elegantissima* (Veitch ex Mast.) Lowry & Frodin

五加科孔雀木属,树形和叶形优美,叶片掌状复叶,紫红色,小叶羽状分裂,非常雅致,为名贵的观赏植物。适合盆栽观赏,常用于居室、厅堂和会场布置。

112. 白千层 *Melaleuca cajuputi* subsp. *cumingiana* (Turcz.) Barlow

桃金娘科白千层属,双皮层发达,为荫木类,树皮白色,美观,并具芳香,可作屏障树或行道树。

113. 假苹婆 *Sterculia lanceolata* Cav.

梧桐科苹婆属,树干通直,果鲜红色,观赏价值高,可作园林风景树和绿荫树。在城市绿化中广泛应用,作为庭园树、行道树及风景区绿化树种,适应城市环境。

114. 木棉 *Bombax ceiba* L.

锦葵科木棉属,复叶,落叶大乔木,树形高大雄伟,春季红花盛开,是优良的行道树、庭荫树和风景树,可用于园林栽培观赏。

115. 石韦 *Pyrrosia lingua* (Thunb.) Farw.

水龙骨科石韦属,长在乔木上的蕨类,株形小巧,叶形别致,是园林绿化中良好的观叶植物,也可室内盆栽。全草可入药。

116. 柿 *Diospyros kaki* Thunb.

柿树科柿树属,落叶乔木,既适用于城市园林,又可在山区自然风景点中配植。

117. 巢蕨 *Asplenium nidus* L.

铁角蕨科铁角蕨属,大型观叶蕨类,盆栽悬挂于室内,极具热带风情,植于热带园林。

118. 紫背竹芋 *Stromanthe sanguinea* Sond.

竹芋科紫背竹芋属,株形美观、叶色斑斓,耐阴性强,是世界上著名的室内观叶植物之一,常用于室内盆栽观赏,可以用于装饰宾馆、商场的厅堂,小型品种能点缀居室的阳台、客厅、卧室等。

119. 红枝蒲桃 *Syzygium rehderianum* Merr. & Perry

桃金娘科蒲桃属,华南地区普遍应用的彩叶植物,作为主体植物在道路旁栽植,其富于变化的鲜艳色彩可有效避免司机疲劳驾驶。在公园绿地中,以各类造型配植成景,也可与景石等园林小品搭配成景。可作行道树,也可在门廊处对植,还可栽植成篱分隔空间。风景区内,将其群植成大型红树林,盆栽用于写字楼、机关、商场等装饰。

120. 花叶冷水花 *Pilea cadierei* Gagnep. & Guill.

荨麻科冷水花属,多年生草本,多分枝,花小,灰白色,秋季开花。观叶植物,常作盆栽用于室内布置用,或作阳台、窗台的装饰植物。

121. 阳桃 *Averrhoa carambola* L.

酢浆草科阳桃属,小乔木或灌木,是热带或亚热带常绿或半常绿果树。

122. 假槟榔 *Archontophoenix alexandrae* (F. Muell.) H. Wendl. & Drude

棕榈科假槟榔属,在温暖地区作道树和庭园风景树,寒冷地区对幼龄树进行盆栽。

123. 栀子 ***Gardenia jasminoides*** **Ellis**

茜草科栀子属，常绿灌木，叶大，花通常被修剪成球状，植于街道旁或公园景观中，用于园林绿化造景。

124. 银桦 ***Grevillea robusta*** **A. Cunn. ex R. Br.**

山龙眼科银桦属，常绿乔木，树干高大挺直，宜作为行道树、庭荫树，宜低山营造速生风景林，作为用材林。

125. 人面子 ***Dracontomelon duperreanum*** **Pierre**

漆树科人面子属，有板状根，树形美观大方，用于庭园绿化，适合作为行道树，果肉可加工成食品。

126. 纸莎草 ***Cyperus papyrus*** **L.**

莎草科莎草属，沼泽水生植物，可盆栽或于庭园潮湿地种植，尤其是庭园水景边缘，为我国南方常用的水体景观植物之一。因其茎顶分枝成球状，造型特殊，亦常用于切枝，为插花的高级叶材。

127. 吊瓜树 ***Kigelia africana*** **(Lam.) Benth.**

紫葳科吊灯树属，花序细长，树姿优美，花大艳丽，其悬挂之果形似吊瓜，新奇有趣，可用于布置公园、庭园、风景区和高级别墅等，可单植，也可列植或片植。

128. 一品红 ***Euphorbia pulcherrima*** **Willd. ex Klotzsch**

大戟科大戟属，木本，花色鲜艳，观赏期长，圣诞、元旦、春节期间苞叶变色，具有良好的观赏效果，适用于室内，如门厅、会场等场合布置。

129. 双荚决明 ***Senna bicapsularis*** **(L.) Roxb.**

豆科决明属，作为观赏植物广为种植。

130. 高山榕 ***Ficus altissima*** **Bl.**

桑科榕属，树冠大，极好的城市绿化树种，常作为行道树及孤植树。适应性强，极耐阴，适合作为园景树和遮阴树。树体量太大，根系过于发达而不太适合作行道树，优良的紫胶虫寄主树。适合在室内长期陈设，也可用作盆景。

15.2 仲恺白云校区植物名录

1. 大花紫薇 ***Lagerstroemia speciosa*** **(L.) Pers.**

千屈菜科紫薇属，花大，美丽，常栽培于庭园供观赏；也可作为行道树，在建筑物附近、草坪边缘栽植均有良好的绿化美化效果。

2. 高山榕 ***Ficus altissima*** **Bl.**

桑科榕属，树冠大；叶厚革质，有光泽；隐头花序形成的果成熟时金黄色；极好的城市绿化树种。树冠广阔，树姿稳健壮观。只是树体量太大，根系过于发达不太适宜作为行道树，非常适合作为园景树和遮阴树，也是优良的紫胶虫寄主树。适应性强，极耐阴，适合在室内长期陈设。江南常做孤植树。

3. 鸡蛋花 ***Plumeria rubra*** **L.**

夹竹桃科鸡蛋花属，具有极高的观赏价值，整株树婆娑匀称、自然美观。成龄鸡蛋花的多年老树干自然形成的造型苍劲挺拔，很有气势；其树冠如盖，满树绿色，自然长成圆头状。鸡蛋花开花后，满树繁花，花叶相衬，流彩溢光；香气清香淡雅；且花落后数天也能保持香味。

在园林绿化中，鸡蛋花同时具备绿化、美化、香化等多种效果。在园林布局中可进行孤植、丛植、临水点缀等，深受人们喜爱，已成为中国南方绿化中不可或缺的优良树种。在中国华南地区的广东、广西、云南等地，被广泛应用于公园、庭园、绿带、草坪等的绿化。而在中国的北方，鸡蛋花大都用于盆栽观赏。

4．鸡冠刺桐 *Erythrina crista-galli* L.

豆科刺桐属，树干苍劲古朴，树枝轻柔高雅，花色红艳，花形独特，花期长，季相变化特别丰富，具有较高的观赏价值，且生性强健，栽培管理容易，病虫害少，是花卉苗木观赏树种中优良的树种。鸡冠刺桐可在园林绿化、庭园、公路、风景区的草坪、水塘边作为庇荫树或行道树，适宜单独种植或与其他花木搭配种植观赏。

5．美丽异木棉 *Ceiba speciosa*（A. St. -Hil.）Ravenna

锦葵科吉贝属，树干直立，主干有突刺，树冠层呈伞形，叶色青翠，成年树树干呈酒瓶状；冬季盛花期满树姹紫，秀色照人，人称“美人树”，是优良的观花乔木，是庭园绿化和美化的高级树种，也可作为高级行道树。美丽异木棉是一种值得推广的绿化树种，移植成活率高，属强阳性树种，根部庞大，树皮富含纤维，有较强的抗风能力。

6．垂枝红千层 *Callistemon viminalis*（Soland.）Cheel.

桃金娘科红千层属，株形飒爽美观，开花时珍奇美艳，花期长（春至秋季），花数多。每年春末夏初，火树红花，满枝吐焰，盛开时千百枝雄蕊组成一支支艳红的瓶刷，甚为奇特。适用于庭园美化，作为庭园美化树、行道树、风景树，还可作为防风林、切花或大型盆栽，并可修剪整枝成盆景。由于极耐旱耐瘠薄，也可在城镇近郊荒山或森林公园等处栽培。可用于沿路、沿江河生态景观建设。

7．朱槿 *Hibiscus rosa-sinensis* L.

锦葵科木槿属，花大色艳，全年开大红花不断，观赏期长。在南方多植于池畔、亭前、道旁和墙边，可作盆栽，布置公园、花坛、会场及家庭养植，点缀阳台或庭园。

8．基及树 *Carmona microphylla*（Lam.）G. Don

紫草科基及树属，树姿苍劲挺拔，茎干直立。冰肌玉质的白色小花，枝干密集仰卧斜出，多作盆栽观赏，也是制作盆景的好树种。

9．桂花 *Osmanthus fragrans* Lour.

木樨科木樨属，终年常绿，枝繁叶茂，秋季开花，芳香四溢。在园林中应用普遍，常作园景树，有孤植、对植，也有成丛成林栽种。在中国古典园林中，桂花常与建筑物，山、石相配，以丛生灌木型的植株植于亭、台、楼、阁附近。旧式庭园常用对植，在住宅四旁或窗前栽植桂花树。桂花对有害气体二氧化硫、氟化氢有一定的抗性，也是工矿区的一种绿化花木。

10．旅人蕉 *Ravenala madagascariensis* Adans.

芭蕉科旅人蕉属，株形飘逸别致，可作为大型庭园观赏植物用于庭园绿化，孤植、丛植或列植均可，另外旅人蕉在北方地区可室内盆栽观赏。

11．老鼠拉冬瓜 *Melothria indica* Lour.

葫芦科马交儿属，藤本植物，常生于荒地灌木丛、村边、林边潮湿地，常缠绕于灌木上，具有祛湿、利小便等功效。

12．龙船花 *Ixora chinensis* Lam.

茜草科龙船花属，在园林中用途很多，少量品种可用于切花；很多品种适合盆栽，应用于宾馆换摆、会场布景、窗台、阳台和各种客室摆设；热带地区的龙船花特别适宜露地栽植，应用于庭园、宾馆、小区，道跟旁及各风景区的植物选景，在园林中应用广泛，孤植、丛植、列植、片植均各有特色。

13. 假连翘 *Duranta erecta* L.

马鞭草科假连翘属，树姿优美、生长旺盛；早春先叶开花，且花期长、花量多，盛开时满枝金黄，芬芳四溢，令人赏心悦目，在早春季相变化中起着重要作用，可作为花篱、花丛、花境、花坛植物栽植于宅旁、亭阶、墙隅、篱下或路边、溪边、池畔，在绿化、美化、香化城市方面应用广泛，是观光农业和现代园林难得的优良树种。

总状果序，悬挂梢头，橘红色或金黄色，有光泽，如串串金粒，经久不脱落，极为艳丽，为重要的观果植物，适用于绿篱、绿墙、花廊，或攀附于花架上，或悬垂于石壁、砌墙上，均很美丽。枝条柔软，耐修剪，可卷曲为多种形态，作盆景栽植，或修剪培育作桩景。

14. 杧果 *Mangifera indica* L.

漆树科杧果属，树冠球形，常绿乔木，郁闭度大，为热带良好的庭园和行道树种。

15. 凤凰木 *Delonix regia* (Boj.)Raf.

豆科凤凰木属，树冠高大，花期花红叶绿，满树如火，富丽堂皇，是著名的热带观赏树种。在我国南方城市的植物园和公园栽种颇盛，作为观赏树或行道树。

16. 狗牙花 *Tabernaemontana divaricata* (L.)R. Br. ex Roem. & Schult.

夹竹桃科狗牙花属，喜高温、湿润环境，枝叶茂密，株形紧凑，花净白素丽，典雅朴质，花期长，为重要的衬景和调配色彩花卉，适宜用作花篱、花径或大型盆栽。

17. 樟 *Camphora officinarum* Nees ex Wall.

樟科樟属，树冠广卵形；树冠广展，枝叶茂密，气势雄伟，四季常青，是我国南方城市优良的绿化树、行道树及庭荫树。

18. 小叶榄仁 *Terminalia neotaliala* Capuron

使君子科榄仁树属，具有树形优美、抗病虫害、抗强风吹袭、耐贫瘠等优点，可作为行道树、景观树，孤植、列植或群植皆宜，是中国南方地区极具观赏价值的园林绿化和海岸树种。

19. 鹅掌柴 *Heptapleurum heptaphyllum* (L.)Y. F. Deng

五加科鹅掌柴属，大型盆栽植物，适用于宾馆大厅、图书馆的阅览室和博物馆展厅摆放，呈现出自然和谐的绿色环境，春、夏、秋季可放在庭园遮阴处和楼房阳台上观赏，可庭园孤植，是南方冬季的蜜源植物。

20. 人面子 *Dracontomelon duperreanum* Pierre

漆树科人面子属，树干通直，树姿优美庄重，枝叶茂密，叶色四季翠绿光鲜，冠幅美观，远看树形如展开的巨伞，是优良的庭园绿化树种，适合作为行道树或用于广场孤植、对植。

21. 波罗蜜 *Artocarpus heterophyllus* Lam.

桑科波罗蜜属，树冠优美，适合作行道树和庭园绿化树种。

22. 海南红豆 *Ormosia pinnata* (Lour.)Merr.

豆科红豆属，嫩叶色美，树冠整齐圆滑，叶姿婆娑，夏季形成浓密的绿荫，春季嫩叶萌发时呈柠檬黄或粉红色，继而转为淡黄色，持续时间达 2～3 个月，且花色淡雅、果实珍奇，种子鲜红欲滴，随季节而变的叶、花、果美景非常引人注目，具有较高的观赏价值，适合于公园、庭园、绿地单植或群状疏植的景点栽植，如绿地、广场的中心树，公园门口的目标树，建筑物、停车场的标志树，也可以在公园一角群状疏植，形成树丛遮阴，供行人小憩。

23. 黄金榕 *Ficus microcarpa 'Golden Leaves'*

桑科榕属，树性强健，叶色金黄亮丽，适合作为行道树、园景树、绿篱树或修剪造型，也可构成图案、文字，庭园、校园、公园、游乐区等地均可单植、列植、群植。

24. 小叶榕 *Ficus concinna* **(Miq.) Miq.**

桑科榕属，常绿乔木，高 15～20 m。叶狭椭圆形，先端渐尖至短渐尖，基部楔形，两面无毛。榕果成对腋生或 3～4 个簇生于无叶小枝叶腋，球形，花果期 5—9 月。

25. 菩提树 *Ficus religiosa* **L.**

桑科榕属，分枝扩展，树形高大，枝繁叶茂，冠幅广展，优雅可观，是优良的观赏树种，宜作庭园行道的绿化树种。菩提树对二氧化硫、氯气抗性中等，对氢氟酸抗性较强，宜作为污染区的绿化树种。

26. 朱缨花 *Calliandra haematocephala* **Hassk.**

豆科朱缨花属，花色艳丽，是优良的观花树种，适宜在园林绿地中栽植。朱缨花叶色亮绿，花色鲜红又似绒球状，甚是可爱，是一种观赏价值较高的花灌木，且有许多园艺观花品种，可行盆栽、公园绿化布置。树形姿势优美，叶形雅致，盛夏绒花满树，有色有香，能形成轻柔舒畅的气氛，宜作为庭荫树、行道树，种植于林缘、房前、草坪、山坡等地，是四旁绿化和庭园点缀的观赏佳树。树冠开阔，入夏绿荫清幽，羽状复叶昼开夜合，十分清奇，夏日粉红色绒花吐艳，十分美丽，适合在池畔、水滨、河岸和溪旁等处散植。

27. 银合欢 *Leucaena leucocephala* **(Lam.) de Wit**

豆科银合欢属，作为工矿、机关、学校、公园、生活小区、别墅、庭园、城镇绿化围墙与花墙，果园、瓜园、花圃、苗圃的围墙，保护生态绿化荒山的理想树种。

28. 猪屎豆 *Crotalaria pallida* **Ait.**

豆科猪屎豆属，适用于道路两旁的绿化以及花园小径的装饰。猪屎豆用于绿道两旁的绿化，不仅观赏性高，而且由于其为乡土树种，粗生，管理粗放，能够促进园林植物乡土化。

猪屎豆线状的花在插花或造景上都有非常广泛的应用，单花似蝶形，黄色，让人有眼前一亮的感觉。猪屎豆的植株比草本要高出许多，在搭配上非常容易和其他花卉融合在一起。可以在花坛的中央种上猪屎豆，周围搭配修剪整齐的红花檵木、金叶假连翘等，可使花坛既具有线条美，又不会让人感到坚硬。

猪屎豆还可用于大面积草坪的边缘，呈带状种植；还可以在其中穿插种植一些比较高大的落叶乔木，在视觉上色彩更加丰富。种植于草坪边缘呈带状分布的猪屎豆不需要过多的管理，任其自由生长，开花就可以达到最佳的装饰效果。如果草坪边缘的乔木呈片状分布，还可以在林中以点缀的方式种植猪屎豆，不仅可以改善土壤，增加物种的种类，也更加贴近自然。

29. 黄槐决明 *Cassia surattensis* **Burm.**

豆科决明属，树形优美，开花时满树黄花，为优良的行道树、孤植树树种。树冠圆整，枝叶茂盛，花期长，花色金黄灿烂，富热带特色，现已成为华南地区常见的行道树和园林风景树之一。更宜与红花、绿叶相配，为园林中重要的配景花木。唯受风害后，树干歪斜或折断，影响景观效果，需植于避风处。花美丽色艳，几乎全年均可开花，为优良的木本花卉。适合植于庭园和绿地或植作行道树，路边、池畔或庭前绿化，常作绿篱和园林观赏植物。

30. 含羞草 *Mimosa pudica* **L.**

豆科含羞草属，花、叶和荚果均具有较好的观赏效果，且较易成活，适宜在阳台、室内作为盆栽花卉(人食用或过度接触含羞草会引起毛发脱落)，在庭园等处也能种植。

31. 木樨榄 *Olea europaea* L.

木樨科木樨榄属，分枝丛密，萌芽性极强，可修剪成兽形、圆形、蘑菇形等多种形态供观赏，也可修剪作绿篱、绿墙，在现代园林造型中用途极广。小株可修剪做盆景或培育老兜做桩景，置室内陈列，是优美的观赏植物。

32. 金叶女贞 *Ligustrum*×*vicaryi* Rehder

木樨科女贞属，可以作为绿篱，也可丛植，可塑性极强，能最大程度地满足园林修建的需求，且可以用多种颜色叶片搭配组合，为园林艺术增色。金叶女贞树种不仅可以丛植，还可与其他树种共同栽种，以满足园林混色的和谐感。由于金叶女贞的风格独特，且耐热耐旱，存活率极高，生命力顽强，不仅能够栽种在城市绿化带之中，还可以栽种在公园、游乐园内。将金叶女贞与其他树木搭配栽植时，可根据配色方案将黄色叶片与红色叶片和绿色叶片巧妙搭配。

33. 小叶女贞 *Ligustrum quihoui* Carr.

木樨科女贞属，主要作绿篱栽植。其枝叶紧密、圆整，庭园中常栽植观赏，抗多种有毒气体，是优良的抗污染树种，为园林绿化中重要的绿篱材料，也是制作盆景的优良树种。

34. 白花蛇舌草 *Scleromitrion diffusum*(Willd.)R. J. Wang

茜草科蛇舌草属，一年生披散草本，高 15～50 cm。根细长，分枝，白花。茎略带方形或扁圆柱形，光滑无毛，从基部发出多个分枝。花期春季。种子棕黄色，细小，且有 3 个棱角。

35. 栀子 *Gardenia jasminoides* Ellis

茜草科栀子属，叶片颜色亮绿，四季常青，花大洁白，芳香馥郁，又有一定耐阴和抗有毒气体的能力，故为良好的绿化、美化、香化的材料，可成片丛植或植于林缘、庭前、庭隅、路旁，还可作为花篱，也可用于阳台绿化、盆花，或作切花或盆景，或用于街道和厂矿绿化。

36. 海金沙 *Lygodium japonicum*(Thunb.)Sw.

海金沙科海金沙属，其叶轴具窄边，羽片多数，对生于叶轴短距两侧，不育羽片尖三角形，两侧有窄边，叶干后褐色，纸质；孢子囊穗长度超过小羽片中央不育部分，排列稀疏，暗褐色，无毛；孢子期 5—11 月。因其秋季采摘，黄如细沙，如海沙闪亮发光，故得此名。

37. 金星蕨 *Parathelypteris glanduligera*(Kunze)Ching

金星蕨科金星蕨属，多年生草本植物。植株高 35～60 cm；根茎长而横走，顶端略被鳞片；叶片披针形或宽披针形，羽裂，渐尖头，二回羽状深裂，裂片长圆状披针形，叶脉明显，侧脉单一，干后草绿色或褐绿色，羽片下面密被橙黄色腺体；孢子囊群圆形，孢子圆肾形，周壁具褶皱及细网状纹饰。因孢子囊群生于裂片的侧脉近顶处，球形金黄色如金星，而得此名。

38. 糖胶树 *Alstonia scholaris*(L.)R. Br.

夹竹桃科鸡骨常山属，树枝轮生，叶片多轮如托盘，果垂挂如长条，树冠端整，叶色亮丽。老蔸古朴苍劲，形态奇特，极具观赏价值。幼年树可修剪成盘状或曲枝造型，老蔸可培育为多种形态的盆栽桩景。

39. 夹竹桃 *Nerium oleander* L.

夹竹桃科夹竹桃属，枝条灰绿色，含水液；叶面深绿色，无毛，叶背浅绿色，有多数坑洼的小点；中央的花最先开放，着花数朵，雄蕊下部短，被长柔毛；种子长圆形，底部较窄，顶端钝、褐色；花期 6—10 月；因花似桃、茎似竹而得名夹竹桃。

40. 红花檵木 *Loropetalum chinense* var. *rubrum* Yieh

金缕梅科檵木属，枝繁叶茂，姿态优美，耐修剪，耐蟠扎，可用于绿篱，也可用于制作树桩盆景。花开时节，满树红花，极为壮观。红花檵木为常绿植物，新叶鲜红色，不同株系成熟时叶色、花色各不相同，叶片大小也有不同，在园林应用中主要考虑叶色及叶的大小带来的不同效果。红花檵木是湖南特产的珍贵乡土彩叶观赏植物，生态适应性强，耐修剪，易造型，广泛用于色篱、模纹花坛、灌木球、彩叶小乔木、桩景造型、盆景等绿化美化。

41. 枫香树 *Liquidambar formosana* Hance

金缕梅科枫香树属，可在园林中栽作庭荫树，可于草地孤植、丛植，或于山坡、池畔与其他树木混植。若与常绿树丛配合种植，秋季红绿相衬，会显得格外美丽。枫香树具有较强的耐火性和对有毒气体的抗性，故可用于厂矿区绿化。但因不耐修剪，大树移植又较困难，故一般不宜作为行道树。

42. 紫荆木 *Madhuca pasquieri* (Dubard) H. J. Lam.

山榄科紫荆木属，常绿乔木。株高 30 m；幼枝被毛，后渐脱落无毛；革质叶互生，倒卵形或倒卵状长圆形，基部宽楔形或楔形，上面中脉稍凸起，侧叶柄被毛，托叶披针状线形；花数朵簇生于叶腋，花梗被毛，花萼有 4 裂，花冠黄绿色；果椭圆状球形或球形，具宿存花萼和花柱，初被锈色茸毛，后渐脱落无毛；花期 7—9 月，果期 10—12 月。

紫荆木枝叶浓绿，遮阳和涵养水源的效果好，为庭园绿化树种和重要的水源涵养树种。

43. 白兰 *Michelia*×*alba* DC.

木兰科含笑属，株形直立有分枝，落落大方。在南方可露地庭园栽培，是南方园林中的骨干树种。北方常盆栽，可布置庭园、厅堂、会议室，中小型植株可陈设于客厅、书房。因其惧怕烟熏，应放在空气流通处。除了可以花叶齐观，其花还可以药用。

44. 含笑花 *Michelia figo* (Lour.) Spreng.

木兰科含笑属，以盆栽为主，庭园造景次之。在园艺用途上主要是栽植 2～3 cm 之小型含笑花灌木，作为庭园中供观赏和散发香气的植物。当花苞膨大而外苞行将裂解脱落时，所采摘下的含笑花气味最香浓。

45. 华盖木 *Pachylarnax sinica* (Y. W. Law) N. H. Xia & C. Y. Wu

木兰科厚壁木属，上层乔木，树冠宽广，根系发达，有板根。隔 1～2 年开花 1 次，花期 4 月，果熟期 9—11 月。花色艳丽而芳香，可作为庭园观赏树种。

46. 小驳骨 *Justicia gendarussa* N. L. Burm.

爵床科爵床属，高 1 m。茎圆柱形，嫩枝常深紫色；叶窄披针形或披针状线形，呈深紫色或有时半透明状；穗状花序下部间断，上部密花，花冠白或粉红色；蒴果无毛；花期春季；常栽培为绿篱。

47. 合果芋 *Syngonium podophyllum* Schott

天南星科合果芋属，多年生常绿草本植物，合果芋的茎节具气生根，攀附他物生长。叶片呈箭形或戟形，叶基裂片两侧常着生小型耳状叶片。佛焰苞浅绿或黄色。合果芋一般不易开花。

合果芋在园林绿化上用途广泛，可用于室内装饰，也可用于室外园林观赏。它株形优美，叶形多变，色彩清雅，与绿萝、蔓绿绒被誉为天南星科的代表性室内观叶植物，也是欧美十分流行的室内吊盆装饰材料，还可用作插花的配叶材料。合果芋繁殖容易，栽培简便，特别耐阴，且装饰效果极佳。

48. 海芋 *Alocasia odora* (Roxb.) K. Koch

天南星科海芋属，大型常绿草本植物；具匍匐根茎，有直立地上茎，基部生不定芽；叶多数，亚革质，草绿色，箭状卵形，叶柄绿或污紫色，螺旋状排列，粗厚；花序梗圆柱形，绿色，有时污紫色，檐部黄绿色舟状，长圆形，肉穗花序芳香，雌花序白色，不育雄花序绿白色，能育雄花序淡黄色；浆果红色，卵状；花期四季，密林下常不开花。

海芋没有鲜艳的花朵和果，但它株形美、叶形美、叶色美，深受人们喜爱。海芋属于直立形草本植物，株形挺拔，茎干粗壮古朴，并且生长得十分旺盛、壮观，有热带雨林风光。叶片肥大、光亮、丰满圆润，给人以舒展大气，生机盎然的感觉，是优良的观叶植物。海芋叶片是纯净的翠绿色，颜色自然、清新、可爱。海芋抗性强，本身具有很强的适应不良环境的能力，耐水湿，耐高温，适应灰尘大和通风不良的环境。海芋造景生成的景观效果独特，无论是配合其他植物、园林小品抑或单独造景，都有良好的景观效果。海芋可以群植展现它的群体美，也可孤植、丛植体现个体美。

49. 黄鹌菜 *Youngia japonica* (L.) DC.

菊科黄鹌菜属，一年生草本植物。茎直立，单生或少数茎成簇生，粗壮或细，顶端伞房花序状分枝或下部有长分枝，下部被稀疏的皱波状长或短毛；基生叶倒披针形、椭圆形、长椭圆形或宽线形，大头羽状深裂或全裂，极少有不裂的，有狭或宽翼，或无翼，顶裂片卵形、倒卵形或卵状披针形，顶端圆形或急尖，边缘有锯齿或几全缘，椭圆形，向下渐小，最下方的侧裂片耳状，全部侧裂片边缘有锯齿或细锯齿，或边缘有小尖头，极少边缘全缘；花期 4—5 月。

50. 鬼针草 *Bidens pilosa* L.

菊科鬼针草属，一年生草本植物，茎直立，钝四棱形；两侧小叶椭圆形或卵状椭圆形；无舌状花，盘花筒状；瘦果黑色，条形，略扁；花期 8—9 月，果期 9—11 月。《李时珍医学全书》中记载，鬼针草，生池畔，方茎，叶有桠，子作钗脚，着人衣如针。

51. 小蓬草 *Erigeron canadensis* L.

菊科飞蓬属，一年生草本植物。根纺锤状，具纤维状根；茎直立，圆柱状，有条纹；叶密集，基部叶花期常枯萎；头状花序多数，排列成顶生多分枝的大圆锥花序；花序梗细，总苞近圆柱状，淡绿色；雌花多数，舌状，白色；两性花淡黄色，花冠管状；瘦果线状披针形；花期 5—9 月。因其叶多且密，叶片交互生长，犹如草棚上的蓬草一般，故得此名。

52. 向日葵 *Helianthus annuus* L.

菊科向日葵属，草本植物，茎粗壮，被白色粗硬毛；花托盘状，花黄色，舌状花不结果，管状花极多数；瘦果压扁状倒卵形；叶互生，有长柄，心状卵圆形至卵圆形，边缘有粗锯齿，被短糙毛；花期 7—9 月，果期 8—9 月。因形状像太阳，并且具有向阳性，故得名向日葵。

53. 蟛蜞菊 *Sphagneticola calendulacea* (L.) Pruski

菊科蟛蜞菊属，多年生草本植物，茎呈圆柱形，弯曲；表面灰绿色或淡紫色，有皱纹，节上有时有细根；叶对生，上表面绿褐色，下表面灰绿色，两面均附着白色短毛；头状花序单生，花序为苞，灰绿色；花期 3—9 月，果期 7—10 月。原产于美洲，20 世纪 70 年代作为地被植物引入，产于中国东北部、东部和南部各地及其沿海岛屿，印度、中南半岛、印度尼西亚、菲律宾至日本均有分布。蟛蜞菊适应性强，抗风耐湿，畏寒，喜温暖多湿，在各类贫瘠土壤上均可生长，但以肥沃而湿润的土壤生长得茂盛，生于道路、水沟、农田边缘和湿润草地上。

54. 一点红 *Emilia sonchifolia* (L.) DC.

菊科一点红属，一年生或多年生草本植物。根垂直。茎直立，无毛或被疏短毛，灰绿色。叶质较厚，顶生裂片大，宽卵状三角形，具不规则的齿，侧生裂片长圆形，具波状齿，上面深绿色，下面常变紫色；中部茎叶疏生，较小，无柄；上部叶少数，线形。头状花序在开花前下垂，花后直立；花序梗细，无苞片，总苞圆柱形；总苞片黄绿色，约与小花等长，背面无毛。小花粉红色或紫色，管部细长；冠毛丰富，白色，细软。花果期 7—10 月。

55. 木姜子 *Litsea pungens* Hemsl.

樟科木姜子属，落叶乔木，高 3～10 m。树皮灰白色，幼枝黄绿色，被柔毛，老枝黑褐色，无毛。叶互生，常聚生于枝顶，披针形或倒卵状披针形。伞形花序腋生；花被裂片，黄色，倒卵形；果球形，成熟时蓝黑色。花期 3—5 月，果期 7—9 月。

56. 两耳草 *Paspalum conjugatum* Berg.

禾本科雀稗属，多年生草本植物。匍匐茎植株长可达 1 m，秆直立。叶鞘具脊，叶舌极短，叶片披针状线形，质薄，无毛或边缘具疣柔毛。总状花序，纤细，穗轴边缘有锯齿；小穗卵形，顶端稍尖，第二颖与第一外稃质地较薄，无脉，5—9 月开花结果。可作为固土和草坪地被植物。

57. 地毯草 *Axonopus compressus* (Sw.) Beauv.

禾本科地毯草属，多年生草本植物。长匍匐枝。秆压扁，高可达 60 cm，叶鞘松弛，压扁，叶片扁平，质地柔薄，两面无毛或上面被柔毛，总状花序，呈指状排列在主轴上；小穗长圆状披针形，第一颖缺；第二颖与第一外稃等长或第二颖稍短；第一内稃缺；第二外稃革质，花柱基分离，柱头羽状，白色。

该种的匍匐枝蔓延迅速，每节都生根和抽出新植株，植株平铺于地面成毯状，故名地毯草，为铺建草坪的草种，根有固土作用，是一种良好的保土植物。

58. 求米草 *Oplismenus undulatifolius* (Ard.) Beauv.

禾本科求米草属，多年生草本。秆纤细，基部平卧地面，节处生根，上升部分高 20～50 cm。叶鞘短于或上部者长于节间，密被疣基毛；叶舌膜质，短小，长约 1 mm。圆锥花序长 2～10 cm，主轴密被疣基长刺柔毛；花柱基分离。花果期 7—11 月。

59. 莲子草 *Alternanthera sessilis* (L.) DC.

苋科莲子草属，多年生草本，高 10～45 cm；圆锥根粗，直径可达 3 mm；茎上升或匍匐，有条纹及纵沟，沟内有柔毛。叶片形状及大小有变化，条状披针形、矩圆形、倒卵形、卵状矩圆形，花药矩圆形；退化雄蕊三角状钻形，比雄蕊短，顶端渐尖，全缘；花柱极短，柱头短裂。胞果倒心形，深棕色，包在宿存花被内。种子卵球形。花期 5—7 月，果期 7—9 月。全植物入药，嫩叶可作为野菜食用，又可作为饲料。

60. 地肤 *Bassia scoparia* (L.) A. J. Scott

苋科沙冰藜属，一年生草本植物。高 50～100 cm。根略呈纺锤形，茎直立，圆柱状，淡绿色或带紫红色。叶为平面叶，披针形或条状披针形。花两性或雌性，构成疏穗圆锥状花序；花被近球形，淡绿色，花被裂片近三角形。胞果扁球形，果皮膜质。种子卵形，黑褐色。花期 6—9 月，果期 7—10 月。

园林用途：用于布置花坛、花境、花丛、花群，或数株丛植于花坛中央，可修剪成各种几何造型进行布置。盆栽地肤可点缀和装饰厅、堂、会场等。园林栽培主要是其变种细叶扫帚草，株形矮小，叶细软，嫩绿色，秋季转为红紫色。

艺术造型：地肤植株呈球形生长，枝叶秀丽，外形如小型千头柏，叶形纤细，株形优美，嫩绿，入秋泛红，观赏效果极佳。通过修剪造型，如几何图案、组字等与花坛结合为主景或衬景，还可种植于道路两旁，走廊两侧。

陪衬造景：地肤作为彩色叶地被植物，可群植于花境、花坛，或与色彩鲜艳的花卉配植，用来点缀零星空地。在土丘、假山上随坡就势、高低错落、疏密相间，可形成独特的园林景观。同时它也是重要的夏季花坛植物之一，其淡淡的绿色，在炎热的夏季可带给人们凉爽的感觉。

61. 杜鹃 *Rhododendron simsii* Planch.

杜鹃花科杜鹃花属，落叶灌木，高 2～5 m，分枝多而纤细。叶为革质，常聚集生于枝端，呈卵形、椭圆状卵形或倒卵形，前端短渐变尖，叶子边缘微微反卷并带有细齿，上面深绿色，下面淡白色；花冠呈阔漏斗形、倒卵形，一般 2～6 簇生于枝顶，有玫瑰色、鲜红色或暗红色；花期 4—5 月，果期 6—8 月。

杜鹃枝繁叶茂，绮丽多姿，萌发力强，耐修剪，根桩奇特，是优良的盆景材料，园林中最宜在林缘、溪边、池畔及岩石旁成丛成片栽植，也可于疏林下散植。杜鹃也是花篱的良好材料，深绿色的叶片适合栽种在庭园中作为矮墙或屏障。

62. 香菇草 *Hydrocotyle verticillata* Thunb.

五加科天胡荽属，多年生挺水或湿生植物，植株具蔓生性，节上常生根；茎顶端呈褐色；叶互生，具长柄，圆盾形，缘波状，草绿色，叶脉呈放射状；花两性，伞形花序，小花白色；果为分果。

常于水体岸边丛植、片植，用于庭园水景造景，是景观细部设计的好材料，也可用于室内水体绿化或水族箱前景栽培。

63. 五桠果 *Dillenia indica* L.

五桠果科五桠果属，常绿乔木，高 25 m，胸径宽约 1 m，树皮红褐色；嫩枝粗壮，有褐色柔毛。叶薄革质，矩圆形或倒卵状矩圆形，先端近圆形，有长约 1 cm 的短尖头。花单生于枝顶叶腋内，花梗粗壮，被毛；萼片 5 个，肥厚肉质，近圆形。果圆球形，不裂开，宿存萼片肥厚，稍增大；种子压扁，边缘有毛。花期 4—5 月，果期 10—12 月。

树姿优美，叶色青绿，树冠开展如盖，果硕大诱人，叶形及花均美丽，分枝低而稍下垂，近地面，而且栽培管理粗放，移栽成活率高，是优美的庭园观赏树、风景区观赏树、小区绿化树、行道树和海滨抗风树。在种植形式上灵活，可孤植、单行植、双行植和群植等。幼儿园不宜栽植，因其果大，避免落果伤及幼童。

64. 剑麻 *Agave sisalana* Perr. ex Engelm.

天门冬科龙舌兰属，是一种多年生热带硬质叶纤维作物，原产于墨西哥，现主要在非洲、拉丁美洲、亚洲等地种植。

剑麻具有环境适应能力强、美化绿化效果好、抗污染和净化空气的能力强、经济价值高的特点，广泛用于道路、公园、街区景点绿化和家庭绿化等方面，是良好的庭园观赏树木，也是良好的鲜切花材料，常植于花坛中央、建筑物前、草坪、池畔、台坡、路旁等。

65. 金边龙舌兰 *Agave americana* var. *marginata* Trel.

天门冬科龙舌兰属，叶丛生，边缘有黄白色条带镶边，有紫褐色刺状锯齿；圆锥花序黄绿色，花药丁字形；蒴果长椭圆形；种子扁平黑色。10 年开花，结果后即枯死。金边龙舌兰多栽培于庭园，作为盆栽观赏。

66. 米仔兰 *Aglaia odorata* Lour.

楝科米仔兰属，乔本植物。分枝多，叶柄上有极狭的翅，对生的叶片呈倒卵形至长椭圆形，圆锥花序腋生，黄色的花朵带有清香。花期很长，三季有花，以夏、秋季开花最盛，主要在 6—8 月。因每一枝枝条着生小花，花很小，只有米粒大，故名米仔兰。

米仔兰可用作盆栽，既可观叶又可赏花。小小黄色花朵形似鱼子，因此又名鱼子兰。醇香诱人，为优良的芳香植物，开花季节浓香四溢，可用于布置会场、门厅、庭园等，落花季节又可作为常绿植物陈列于门厅外侧及建筑物前。

67. 黄花风铃木 ***Handroanthus chrysanthus*** **(Jacq.)S. O. Grose**

紫葳科风铃木属，落叶乔木植物，树皮灰色，鳞片状开裂，小枝有毛；掌状复叶，小叶卵状椭圆形，顶端尖，两面有毛；叶对生，全叶被褐色细茸毛，先端尖，叶面粗糙；圆锥花序，顶生，萼筒管状；花冠金黄色，漏斗形，花缘皱曲；果为蒴果，近无毛；花期 3—4 月，果期 5—6 月。黄花风铃木因花黄色，形如风铃而得名。

黄花风铃木应用于园林、庭园等绿化，花色和树形优美，是花卉苗木观赏树种中的上品，可在园林、庭园、公路、风景区的草坪、水塘边作为庇荫树或行道树，适宜单独种植或并列种植观赏。

68. 幸福树 ***Radermachera sinica*** **(Hance)Hemsl.**

紫葳科菜豆树属，落叶乔木。高达 10 m，叶柄、叶轴、花序均无毛；树根直，色白；树皮呈锈黑色；枝叶聚生于顶，小叶卵形至卵状披针形；顶生圆锥花序，苞片线状披针形；花萼蕾时呈锥形，内包有白色乳汁，萼齿卵状披针形；花冠钟状漏斗形，蒴果细长且下垂。

幸福树树形美观，树姿优雅；花期长，花朵大，花香淡雅，花色美且多，几乎每个枝条都有花序，一个花序轴上的许多花朵往往同时开放，排成一长串金黄色的花带，令人赏心悦目，具有极高的观赏价值和园林应用前景，是热带、南亚热带地区城镇、街道、公园、庭园等园林绿化的优良树种。

69. 广东蛇葡萄 ***Ampelopsis cantoniensis*** **(Hook. & Arn.)Planch.**

葡萄科蛇葡萄属，枝叶繁茂，富有光泽。秋季果成熟时，蓝紫果串串悬挂于枝间，别具风趣，宜配植于棚架、绿廊、篱垣处，亦可种植于林下作耐荫地被。

70. 乌蔹梅 ***Causonis japonica*** **(Thunb.)Raf.**

葡萄科乌蔹莓属，草质藤本。小枝圆柱形，有纵棱纹，无毛或微被疏柔毛。卷须 2～3 叉分枝，相隔 2 节间断与叶对生。叶为乌足状 5 小叶，中央小叶长椭圆形或椭圆披针形；叶柄长 1.5～10 cm，中央小叶柄长 0.5～2.5 cm。花序腋生，复二歧聚伞花序；花序梗长 1～13 cm，无毛或微被毛。果近球形，直径约 1 cm，有种子 2～4 颗；种子三角状倒卵形。花期 3—8 月，果期 8—11 月。

71. 火炭母 ***Persicaria chinensis*** **(L.)H. Gross**

蓼科蓼属，多年生草本植物。植株高达 1 m；茎直立且多分枝；叶卵形或长卵形，先端渐尖，基部平截或宽心形，下面有时沿叶脉疏被柔毛；头状花序常组成圆锥状，花序梗被腺毛，苞片宽卵形，花被白或淡红色，花被片卵形；瘦果宽卵形，包于肉质蓝黑色宿存花被内；花期 7—9 月，果期 8—10 月。

72. 海桐 ***Pittosporum tobira*** **(Thunb.)Ait.**

海桐科海桐属，常绿灌木或小乔木；嫩枝被褐色柔毛；叶聚生于枝顶，浓密且有光泽；伞形花序顶生，花为白色，气味芳香；蒴果球形，三瓣裂开，红色；花期 3—5 月，果熟期 9—10 月。

通常可作绿篱栽植，也可孤植、丛植于草丛边缘、林缘或门旁，列植于路边。因为有抗海潮及有毒气体的能力，故又为海岸防潮林、防风林及矿区绿化的重要树种，并宜作城市隔噪声和防火林带的下木。在气候温暖的地方，海桐是理想的花坛造景树或造园绿化树种，多做房屋基础种植和绿篱。北方作长盆栽观赏，温室过冬。

73. 江边刺葵 ***Phoenix roebelenii*** **O'Brien**

棕榈科刺葵属，茎单生或丛生，高 1～3 m，直径达 10 cm，具宿存的三角状叶柄基部；叶长 1～1.5(2)m；羽片线形，长 20～30(40)cm，两面深绿色；佛焰苞长 30～50 cm；雄花序与佛焰苞近等长，雌花序短于佛焰苞；分枝花序长而纤细，长达 20 cm；雄花花萼长约 1 mm，花瓣 3，针形，长约 9 mm，雄蕊 6；雌花近卵形，花萼顶端具明显的短尖头；果长圆形，顶端具短尖头，成熟时枣红色。花期 4—5 月，果期 6—9 月。

株形丰满，枝叶拱垂似伞形，细密的羽状复叶潇洒飘逸，叶片分布均匀且青翠亮泽，稍弯曲下垂，是良好的庭园观赏植物，也可以盆栽观赏。在南部热带地区可作为行道树和园林绿化树。

74. 丝葵 *Washingtonia filifera*(Lind. ex Andre)H. Wendl.

棕榈科丝葵属，乔木状植物。株高可达 18～21 m，树干基部通常不膨大；叶大形，每裂片先端又再分裂；花序大形，从管状的一级佛焰苞内抽出几个大的分枝花序；花蕾披针形，渐尖，花萼管状钟形，顶端稍被锈色鳞秕；果卵球形，顶端具刚毛状的长 5～6 mm 的宿存花柱；种子卵形，两端圆，胚乳均匀；花期 7 月。

植株高大、挺拔，抗风、耐寒、耐旱，树冠层次优美，葱绿旺盛，生长迅速，是旅游景点和城市绿化、海滨风景、亚热带干旱地区的优良园林树种。

75. 刺楸 *Kalopanax septemlobus*(Thunb.)Koidz.

五加科刺楸属，落叶乔木，高 30 m。树干通直；树皮纵裂，灰黑褐色；叶掌状分裂，长圆状卵形；伞形花序，花较小，白色或淡黄绿色；果蓝黑色；花期 7—8 月，果期 9—11 月。变种有深裂叶刺楸，叶裂片深达中部以下，背面密被毛，适合作为行道树或用于园林配植。

76. 八角金盘 *Fatsia japonica*(Thunb.)Decne. & Planch.

五加科八角金盘属，常绿灌木或小乔木。植株较高且通常直立，很少出现分枝，其茎光滑，幼枝、叶表面有较密集的绵状茸毛；叶大，近圆形，带有光亮；花为黄白色，开花后似一把展开的小伞；果为核果。

八角金盘是优良的观叶植物，四季常青，叶片硕大，叶形优美，浓绿光亮，适应室内弱光环境，为宾馆、饭店、写字楼和家庭美化常用的植物材料，或用作室内花坛的衬底，叶片也是插花的良好配材，适宜配植于庭园、门旁、窗边、墙隅及建筑物背阴处，也可点缀在溪流滴水旁，还可片植于草坪边缘及林地，另外还可作为小盆栽供室内观赏。对二氧化硫抗性较强，适合植于厂矿区等地。

77. 幌伞枫 *Heteropanax fragrans*(Roxb.)Seem.

五加科幌伞枫属，常绿乔木植物。回羽状复叶，小叶对生，纸质，椭圆形，先端短渐尖，基部楔形，全缘，无毛；伞形花序密集成头状，总状排列，组成顶生圆锥花序；果扁球形；种子扁平；花期 10—12 月，果期翌年 2—3 月。

幌伞枫树冠圆整，形如罗伞，羽叶巨大，奇特，为优美的观赏树种。大树可作为庭荫树及行道树，幼年植株也可盆栽观赏，置于大厅、大门两侧，可显示热带风情。

78. 芒萁 *Dicranopteris pedata*(Houtt.)Nakaike

里白科芒萁属，根状茎横走；叶远生；柄光滑，基部以上无毛；叶被暗锈色毛，有时顶芽萌发；腋芽小，卵形；芽孢卵形，边缘具不规则裂片或粗齿；具有观赏价值。

79. 血桐 *Macaranga tanarius* (L.)Muell. Arg.

大戟科血桐属，灌木或小乔木，小枝无毛。叶近革质，卵形，长 13～20 cm，宽 8～12 cm，顶端渐尖，基部近截平，微心形，具斑状腺体 2 个，下面无毛，具颗粒状腺体，叶缘具不规则的波状齿；叶柄长 5～10 cm；托叶披针形，长 8 mm，宽 3 mm，无毛，早落。

80. 地锦 ***Parthenocissus tricuspidata*** **(Siebold & Zucc.) Planch.**

葡萄科地锦属，木质藤本植物。小枝圆柱形，几无毛或微被疏柔毛；叶为单叶，叶片通常倒卵圆形，顶端裂片急尖，边缘有粗锯齿；花序着生于短枝上，基部分枝，花期 5—8 月；果球形，果期 9—10 月。

81. 琴叶珊瑚 ***Jatropha integerrima*** **Jacq.**

大戟科麻风树属，常绿灌木。单叶互生，倒阔披针形，叶面浓绿色，叶背紫绿色，叶柄具茸毛，叶面平滑，常丛生于枝条顶端；花单性，雌雄同株，花冠红色或粉红色，雌雄花不同时开放；具乳汁，有毒；蒴果圆球形，成熟时呈黑褐色；花期长，春至秋季。

琴叶珊瑚在中国南方作为观赏植物被广泛种植，其观赏特性好，可观形、观叶、观花、观果，它的叶子形如大提琴状，别致漂亮，花期甚长，几乎全年有花，花色红艳；耐修剪，可塑性好，依据景观效果和功能需要可修剪成不同造型。

82. 石楠 ***Photinia serratifolia*** **(Desf.) Kalkman**

蔷薇科石楠属，树枝为褐灰色；鳞片为褐色，无毛；叶片呈革质，叶片长椭圆形、长倒卵形或倒卵状椭圆形；花瓣为白色，近圆形；果红色球形，后成褐紫色；种子为平滑的棕色卵形。花期 4—5 月，果期 10 月。

石楠枝繁叶茂，枝条能自然发展成圆形树冠，终年常绿。其叶翠绿色，具光泽，早春幼枝嫩叶为紫红色，枝叶浓密，老叶经过秋季后部分出现赤红色，夏季密生白色花朵，秋后鲜红色的果缀满枝头，是具观赏价值的常绿阔叶乔木，作为庭荫树或绿篱栽植效果更佳。可根据园林绿化布局需要，修剪成球形或圆锥形等造型。在园林中孤植或基础栽植均可，或丛栽使其形成低矮的灌木丛，可与金叶女贞、红叶小檗、扶芳藤、俏黄芦等组成美丽的图案。

83. 茅莓 ***Rubus parvifolius*** **L.**

蔷薇科悬钩子属，株高可达 1～2 m；枝呈弓形弯曲；小叶菱状圆形或倒卵形，基部圆形或宽楔形，边缘有不整齐粗锯齿或缺刻状粗重锯齿，常具浅裂片；伞房花序顶生或腋生，花瓣卵圆形或长圆形，粉红至紫红色；果卵球形，呈红色，无毛或具稀疏柔毛；核有浅皱纹；花期 5—6 月，果期 7—8 月。

果色艳丽，生长迅速，繁殖容易，覆盖力强，具有较强的适应性和抗性，可作为地被植物植于树下、林缘、绿化隔离带、假山岩石旁、溪边、岸边、池塘边阴湿处等处，颇具观赏价值。

84. 黄杨 ***Buxus sinica*** **(Rehder & E. H. Wilson) M. Cheng**

黄杨科黄杨属，高 1～6 m；枝圆柱形，有纵棱，灰白色；小枝四棱形，全面被短柔毛或外方相对两侧面无毛。叶革质，阔椭圆形、阔倒卵形、卵状椭圆形或长圆形，叶面光亮，中脉凸出，下半段常有微细毛。花序腋生，头状，花密集，雄花约 10 朵，无花梗，外萼片卵状椭圆形，内萼片近圆形，长 2.5～3 mm，无毛，雄蕊连花药长 4 mm，不育雌蕊有棒状柄，末端膨大；雌花萼片长 3 mm，子房较花柱稍长，无毛。蒴果近球形。花期 3 月，果期 5—6 月。园林中常用作绿篱、大型花坛镶边，可修剪成球形等来点缀山石或制作盆景。

85. 杜英 ***Elaeocarpus decipiens*** **Hemsl.**

杜英科杜英属，嫩枝及顶芽初时被微毛，干后黑褐色；叶革质，披针形或倒披针形，幼嫩时亦无毛，叶柄初时有微毛，在结果时变秃净；花白色，萼片披针形，先端尖，两侧有微毛；花瓣倒卵形，外侧无毛，内侧近基部有毛；核果椭圆形，外果皮无毛，内果皮坚骨质，表面有多数沟纹；花期在夏季；适合为庭园添景，作为绿化或观赏树种。

86. 水石榕 *Elaeocarpus hainanensis* Oliv.

杜英科杜英属,小乔木。树冠宽广;幼枝无毛;叶革质,窄倒披针形或长圆形,先端尖,基部楔形,幼叶无毛,密生小钝齿;花苞片叶状无柄,卵形,萼片披针形,花瓣倒卵形;核果纺锤形,有浅沟;种子长 2 cm;花期 6—7 月。

水石榕四季常绿,树形优美,花期长,花瓣洁白淡雅,为优良的园林观赏和生态公益林树种。因喜半阴环境,适合在庭园、草地和路旁作为第二林层,或作为庭园树。

87. 罗汉松 *Podocarpus macrophyllus* (Thunb.)Sweet

罗汉松科罗汉松属,乔木;株高,树皮浅裂,薄片状脱落;枝条开展或斜展,小枝密被黑色软毛或无;顶芽卵圆形,芽鳞先端长渐尖;叶螺旋状着生,革质,线状披针形;雌球花单生,稀成对,有梗;种子卵圆形或近球形;花期 4—5 月,种子 8—9 月成熟。

罗汉松神韵清雅挺拔,自有一股雄浑苍劲的傲人气势,有长寿、守财、吉祥的寓意,是庭园和高档住宅的首选绿化树种。

88. 灰莉 *Fagraea ceilanica* Thunb.

马钱科灰莉属,灌木或小乔木植物,树皮灰色。小枝粗厚,圆柱形;全株无毛;叶片稍肉质,干后变纸质或近革质,叶面深绿色,干后绿黄色;花单生或组成顶生二歧聚伞花序;花冠漏斗状,质薄,稍带肉质,白色,芳香;花药长圆形至长卵形;子房椭圆状或卵状;浆果卵状或近圆球状,淡绿色,有光泽;种子椭圆状肾形,藏于果肉中。花期 4—8 月,果期 7 月至翌年 3 月,是优良的庭园、室内观叶植物。

89. 红刺露兜树 *Pandanus utilis* Borg.

露兜树科露兜树属,常绿灌木或小乔木。株高达 4 m;分枝少,具轮状叶痕,主干下部生有粗大且直立的气根;叶呈螺旋状着生,丛生于顶端,剑状长披针形,深绿色硬革质,叶缘及主脉基部具有红色锐钩刺;花雌雄异株,白色佛焰苞;聚合果悬垂,黄色球形;花期 5—8 月,果期 11—12 月,是庭园绿化、公园绿地的优良树种。

90. 棒叶落地生根 *Kalanchoe delagoensis* Eckl. & Zeyh.

景天科伽蓝菜属,茎直立、粉褐色。叶圆棒形,上表面有沟,粉色,有红褐斑。叶片交互对生,交叉排列成十字形。叶端锯齿上长有很小的幼株,落地后即可生根成活。

棒叶落地生根适宜于小型盆栽,供室内观赏。叶端常生具根小植株,具有比较好的观赏性。

91. 沿阶草 *Ophiopogon bodinieri* Levl.

百合科沿阶草属,植株矮小,根纤细,近末端具纺锤形小块根;叶基生成丛,禾叶状;花常生于苞片腋内,苞片呈线形或披针形,稍黄色,半透明;花被片呈卵状披针形,白色或稍带紫色;花丝很短,常呈绿黄色。花期 6—8 月,果期 8—10 月。

沿阶草长势强健,耐阴性强,植株低矮,根系发达,覆盖效果较快,是一种良好的地被植物,可成片栽植于风景区的阴湿空地和水边湖畔作为地被植物。叶色终年常绿,花亭直挺,花色淡雅,能作为盆栽观叶植物。

92. 地棯 *Melastoma dodecandrum* Lour.

野牡丹科野牡丹属,匍匐小灌木。叶卵形或椭圆形,先端急尖,基部宽楔形;花瓣淡紫红或紫红色,菱状倒卵形;果坛状球形,平截,近顶端略缢缩,肉质,不开裂;花期 5—7 月,果期 7—9 月。

93. 紫花地丁 *Viola philippina* Cav.

堇菜科堇菜属，叶片下部呈三角状卵形或狭卵形；花中等大，紫堇色或淡紫色，稀呈白色，喉部色较淡并带有紫色条纹；蒴果长圆形；种子卵球形，淡黄色；花果期 4 月中下旬至 9 月；适合种植于花坛或作为花境，或与其他早春花卉构成花丛。

94. 车前 *Plantago asiatica* L.

车前科车前属，一年生或二年生草本植物，直根长，具多数侧根，根茎短；叶基生，呈莲座状，叶片大多为椭圆形；花序梗有纵条纹，花萼、花冠无毛；蒴果卵状椭圆形至圆锥状卵形；种子椭圆形；花期 5—7 月，果期 7—9 月。

95. 光叶子花 *Bougainvillea glabra* Choisy

紫茉莉科叶子花属，藤状灌木。茎干较粗壮，深褐色，呈小圆柱形，表面有茸毛；叶子相对而生，绿色，叶表面光滑，卵形或圆形；花较大，花梗较粗，红色或紫色，椭圆形，花冠呈管状，淡绿色；花期 3—5 月，果期 5—7 月。

96. 藿香蓟 *Ageratum conyzoides* L.

菊科藿香蓟属，一年生草本植物，无明显主根；茎粗壮，底部直径 4 mm，茎枝淡红色，或上部绿色，覆盖白色尘状短柔毛；叶对生，叶片卵形或长圆形；花序伞房状，总苞钟状或半球形，苞片长圆形或披针状长圆形；花冠长，外面无毛或顶端有尘状微柔毛，淡紫色；瘦果黑褐色。

株丛繁茂，花色淡雅，常用来配植花坛和地被，也可用于庭园、路边、岩石旁的点缀。矮生种可盆栽观赏，高秆种用于切花插瓶或制作花篮。

97. 微甘菊 *Mikania micrantha* H. B. K.

菊科假泽兰属，多年生草本植物或灌木状攀援藤本，平滑至具多柔毛；茎圆柱状，有时管状，具棱；叶薄，淡绿色，卵心形或戟形，渐尖，茎生叶大多箭形或戟形，具深凹刻，近全缘至粗波状齿。圆锥花序顶生或侧生，复花序聚伞状分枝；头状花序小，花冠白色，喉部钟状，具长小齿，弯曲；瘦果黑色，表面分散有粒状突起物；冠毛鲜时白色。

98. 花叶橡皮榕 *Ficus binnendijkii* var. *variegata*

桑科榕属，常绿乔木，野生状态下可达 30 m 左右，不易分枝，叶长 30 cm，叶片较窄，长卵形、深绿色、厚革质、具光泽，叶片上有黑色、灰绿色或黄白色的斑纹和斑点。生长速度慢，扦插发根率低，怕阳光暴晒。本种为庭园观赏树种，也可用于制作盆景。

99. 马唐 *Digitaria sanguinalis* (L.) Scop.

禾本科马唐属，一年生草本植物，高 10～80 cm。幼苗深绿色，密生柔毛；茎倾斜匍匐生长，常长出新枝；叶互生，线状披针形，软毛或无毛，黄棕色；总状花序呈指状排列；颖果透明椭圆形；种子淡黄色或灰白色；花果期 6—9 月，可作固土、绿化等地被植物。

15.3 珠江公园植物名录

1. 地毯草 *Axonopus compressus* (Sw.) Beauv.

禾本科地毯草属。喜光，也较耐阴，再生力强，亦耐践踏，抗病虫害能力强，但耐寒性较差，作为庭园草坪、水保草坪。在华南地区，为优良的固土护坡植物，可用作公路两侧的草坪，在广州常用于铺设草坪和与其他草种混合铺运动场。

2. 千日红 *Gomphrena globosa* L.

苋科千日红属。一年生直立草本植物。性喜阳光,早生,耐干热,耐旱,不耐寒,怕积水,喜疏松肥沃土壤。千日红花期长,花色鲜艳,为优良的园林观赏花卉,是花坛、花境的常用材料,且花后不落,色泽不褪,仍保持鲜艳。

3. 花叶冷水花 *Pilea cadierei* Gagnep. & Guill

荨麻科冷水花属。比较耐寒,喜温暖湿润的气候条件,怕阳光暴晒,茅秆柔软,容易倒伏,株形松散。能耐弱碱,较耐水湿,不耐旱。花叶冷水花是相当时兴的小型观叶植物,株丛小巧素雅,叶色绿白分明,叶片纹样美丽,可用于园林小景点缀,也可悬吊于窗前,使绿叶垂下。

4. 榕树 *Ficus microcarpa* L. f.

桑科榕属。喜光和温暖湿润气候,耐水湿。生长缓慢,具有广阔而浓密的树冠枝干,是理想的行道树,既可美化环境,又可调节气候、遮阴挡风。

5. 红背桂 *Excoecaria cochinchinensis* Lour.

大戟科海漆属。常绿小灌木。不耐干旱,不甚耐寒。耐半阴,忌阳光暴晒,夏季放在庇荫处可保持叶色浓绿,不耐盐碱,怕涝,要求肥沃、排水性好的微酸性沙壤土,用于庭园、公园、居住小区绿化,茂密的株丛、鲜艳的叶色与建筑物或树丛构成自然、闲趣的景观。

6. 金钱榕 *Ficus microcarpa* '*Crassifolia*'

桑科榕属。性喜高温多湿、光照充足的环境,也能耐半阴,要求土质疏松肥沃、排水性良好的略黏质土壤,是良好的园林观赏树种。

7. 澳洲鸭脚木 *Schefflera macrostachya* (Benth.)Harms

五加科南鹅掌柴属。性喜高温多湿,光线适应性强,可庭植或盆栽作室内植物观赏。

8. 大花紫薇 *Lagerstroemia speciosa* (L.)Pers.

千屈菜科紫薇属。阳性植物,需强光,耐热,不耐寒,耐旱、耐碱、抗风、耐半阴、耐剪、抗污染,大树较难移植,喜高温湿润气候,对土壤选择不严,耐瘠薄。适合作为高级行道树、园景树与庭荫树等,单植、列植、群植均可。

9. 大王椰 *Roystonea regia* (Kunth)O. F. Cook

棕榈科大王椰属。耐寒力较假槟榔低,抗风力强。幼龄期稍耐阴,成龄树喜光。树干粗大,喜土层深厚肥沃的酸性土,不耐干瘦贫瘠土壤,较耐干旱,亦较耐水湿。适合作为庭园观赏树和行道树,种子在原产地是家鸽的主要饲料,其茎和叶为茅舍的建造材料。

10. 狐尾椰子 *Wodyetia bifurcata* A. K. Irvine

棕榈科狐尾椰属。喜温暖湿润、光照充足的生长环境,耐寒、耐旱、抗风。对土壤要求不严,但以疏松肥沃、排水良好的沙质土壤为佳。因其植株高大挺拔,形态优美,树冠如伞,适合列植于池旁、路边、楼前后,也可数株群植于庭园之中或草坪角隅,观赏效果极佳。

11. 短穗鱼尾葵 *Caryota mitis* Lour.

棕榈科鱼尾葵属。喜温暖,但具有较强的耐寒力,其抗寒力较散尾葵强,为较耐寒的棕榈科热带植物之一。短穗鱼尾葵植株丛生状生长,树形丰满且富有层次感;叶片翠绿,花色鲜黄,果如圆珠成串;适宜栽培于公园、庭园中。

12. 蒲葵 *Livistona chinensis* (Jacq.)R. Br.

棕榈科蒲葵属。喜温暖、湿润、向阳的环境,能耐低温;好阳光,亦能耐阴。抗风、耐旱、耐湿,也较耐盐碱,能在海边生长;喜湿润、肥沃的黏性土壤。蒲葵四季常青,树冠伞形,叶大如扇,是热带、亚热带地区重要的绿化树种。

13. 细棕竹 ***Rhapis gracilis*** **Burret**

棕榈科棕竹属。喜温暖、阴湿及通风良好的环境，不耐寒，宜种植于排水性良好、富含腐殖质的沙壤土。分蘖繁殖，盆栽价值高。株丛繁茂，叶片铺散开张如扇，具有热带的韵味，是很好的观叶植物，适合作为庭园、窗前、路旁等半阴处常绿装饰植物。

14. 朱蕉 ***Cordyline fruticosa*** **(L.) A. Cheval.**

天门冬科朱蕉属。性喜高温多湿气候，属半阴植物，不能忍受北方地区烈日暴晒，完全遮阴处叶片又易发黄，不耐寒。朱蕉株形美观，色彩华丽高雅，为观叶植物，适合庭园栽培。

15. 龙船花 ***Ixora chinensis*** **Lam.**

茜草科龙船花属。喜温暖、湿润和阳光充足的环境。不耐寒，耐半阴，不耐水湿和强光。耐旱植物，适植于肥沃疏松的微酸性土壤，适用于庭园、宾馆、风景区的布置。

16. 红花檵木 ***Loropetalum chinense*** **var.** ***rubrum*** **Yieh**

金缕梅科檵木属。喜光，稍耐阴，但阴时叶色容易变绿。适应性强，耐旱。喜温暖，耐寒冷。萌芽力和发枝力强，耐修剪。耐瘠薄，但适宜在肥沃、湿润的微酸性土壤中生长。广泛用于色篱、模纹花坛、灌木球、彩叶小乔木、桩景造型、盆景等城市绿化美化。

17. 紫薇 ***Lagerstroemia indica*** **L.**

千屈菜科紫薇属。半阴生，喜生于肥沃湿润的土壤上，也能耐旱，不论钙质土或酸性土都生长良好。耐旱、怕涝，喜温暖潮湿，喜光，喜肥。被广泛用于公园、庭园及道路绿化等，在实际应用中可栽植于建筑物前、院落内、池畔、河边、草坪旁及公园中小径两旁等。

18. 肾蕨 ***Nephrolepis auriculata*** **(L.) Trimen**

肾蕨科肾蕨属。喜温暖潮湿的环境，冬季不得低于 10 ℃。自然萌发力强，喜半阴，忌强光直射，不耐寒，较耐旱，耐瘠薄，在园林中可作阴性地被植物或布置在墙角、假山和水池边。

19. 尖叶杜英 ***Elaeocarpus apiculatus*** **Masters**

杜英科杜英属。暖地树种，较速生，喜温暖湿润环境，适生于酸性土壤，但要求排水性良好，其根系发达，萌芽力强。在园林中常丛植于草坪、路口、林缘等处；也可列植，起遮挡及隔音作用；或作为花灌木或雕塑等的背景树，具有很好的烘托效果。

20. 金边龙舌兰 ***Agave americana*** **var.** ***marginata*** **Trel.**

天门冬科龙舌兰属。喜温暖、光线充足的环境，生长温度为 15～25 ℃；耐旱性极强，要求疏松透水的土壤。多栽培于庭园，分布于我国西南、华南地区；原产于美洲的沙漠地带，可作观赏植物。

21. 苏铁 ***Cycas revoluta*** **Thunb.**

苏铁科苏铁属。喜暖热湿润的环境，不耐寒，生长甚慢，南方多植于庭前阶旁及草坪内；北方宜作大型盆栽，布置庭园、屋廊及厅室，殊为美观。

22. 三药槟榔 ***Areca triandra*** **Roxb. ex Buch. -Ham.**

棕榈科槟榔属。性喜温暖、湿润和背风、半荫蔽的生态环境，要求在疏松肥沃、富含有机质、通透性好的沙质土壤中生长，是一种极为珍贵的观叶、观花、观果植物，适宜于热带、南亚热带地区的庭园、公园用于绿化美化栽培。

23. 夏堇 ***Torenia fournieri*** **Linden. ex Fourn.**

玄参科蝴蝶草属。喜高温，喜光，耐炎热，耐半阴，对土壤要求不严。生长强健，需肥量不大，在阳光充足、适度肥沃湿润的土壤上开花繁茂，经常作为公共空间里的花坛美化用花，能够给单调的马路、平淡的绿化带增添一些不一样的颜色。

24. 赤楠 ***Syzygium buxifolium*** **Hook. et Arn.**

桃金娘科蒲桃属。对光照的适应性较强，较耐阴。喜温暖湿润气候，耐寒力较差，适生于腐殖质丰富、疏松肥沃而排水性良好的酸性沙质土壤。可配植于庭园、假山、草坪、林缘观赏，亦可修剪造型为球形灌木，或作为色叶绿篱片植，也常作盆景树种。

25. 幌伞枫 ***Heteropanax fragrans*** **(Roxb.) Seem.**

五加科幌伞枫属。喜光，喜温暖湿润气候；亦耐阴，不耐寒，能耐 5～6 ℃低温及轻霜，不耐 0 ℃以下低温；较耐干旱、贫瘠，但在肥沃湿润的土壤上生长更佳。大树可作为庭荫树及行道树，幼年植株也可作为盆栽观赏，置于大厅、大门两侧，可显示热带风情。

26. 蓝花楹 ***Jacaranda mimosifolia*** **D. Don**

紫葳科蓝花楹属。喜温暖湿润、阳光充足的环境，不耐霜雪，对土壤条件要求不严，在一般中性和微酸性的土壤中都能生长良好。蓝花楹是观赏树种，热带、暖亚热带地区广泛栽作行道树。

27. 江边刺葵 ***Phoenix roebelenii*** **O'Brien**

棕榈科刺葵属。喜高温高湿的热带气候，喜光，也耐阴，耐旱，耐瘠，喜排水性良好、肥沃的沙质土壤。有较强的耐寒性，冬季在 0 ℃左右可越冬，适合作为庭园观赏植物。

28. 一叶兰 ***Aspidistra elatior*** **Bl.**

天门冬科蜘蛛抱蛋属。喜温暖湿润、半阴环境，较耐寒、极耐阴，是室内绿化装饰的优良喜阴观叶植物，适宜于家庭及办公室布置摆放，可单独观赏，也可以和其他观花植物配合布置，是现代插花的配叶材料。

29. 荷花木兰 ***Magnolia grandiflora*** **L.**

木兰科木兰属。乔木。弱阳性，喜温暖湿润气候，抗污染，不耐碱性土壤。在肥沃、深厚、湿润而排水性良好的酸性或中性土壤中生长良好。根系深广，颇能抗风，病虫害少。荷花木兰可作为园景、行道树、庭荫树，宜孤植、丛植或成排种植。

30. 面包树 ***Artocarpus incisa*** **(Thunb.) L. f.**

桑科波罗蜜属。乔木，热带树种，阳性植物，生长快速。需强光，耐热、耐旱、耐湿、耐瘠、稍耐阴，适合作为行道树、庭园树木栽植。

31. 秋枫 ***Bischofia javanica*** **Bl.**

大戟科秋枫属。乔木。喜阳，稍耐阴，喜温暖而耐寒力较差，对土壤要求不高，能耐水湿，根系发达，抗风力强，在湿润肥沃壤土上生长快速。树叶繁茂，树冠圆盖形，树姿壮观，宜作为庭园树和行道树，也可在草坪、湖畔、溪边等栽植。

32. 琴叶榕 ***Ficus pandurata*** **Hance**

桑科榕属。乔木。喜温暖、湿润和阳光充足的环境，对水分的要求是宁湿勿干，对空气污染及尘埃的抵抗力很强。株形高大，挺拔潇洒，叶片奇特，叶先端膨大呈提琴形，具较高的观赏价值，可作为庭园树、行道树、盆栽树。

33. 白兰 ***Michelia×alba*** **DC.**

木兰科含笑属。乔木。性喜光照，怕高温，不耐寒，适合微酸性土壤。喜温暖湿润，不耐干旱和水涝，对二氧化硫、氯气等有毒气体比较敏感，抗性差。在南方可露地庭园栽培，是南方园林中的骨干树种。

34. 四季桂 ***Osmanthus fragrans*** **'*Semperflorens*'**

木樨科木樨属。灌木。弱阳性，喜温暖湿润气候，耐寒，不耐严寒。喜光，也耐阴。对土壤要求不高，以深厚、肥沃湿润、排水性良好的沙质土壤较为适宜，不耐干旱瘠薄土壤，可作为园林内、道路两侧、草坪和院落等的绿化树种。

35. 水鬼蕉 *Hymenocallis littoralis* (Jacq.) Salisb.

石蒜科水鬼蕉属。草本花卉。性喜温暖、潮湿气候，对土壤要求不高。叶姿健美，花期6—7月，花白色，花形别致，亭亭玉立，适合盆栽观赏，温暖地区，可用于庭园布置或花境、花坛用材。

36. 胡枝子 *Lespedeza bicolor* Turcz.

豆科胡枝子属，落叶灌木，耐阴、耐寒、耐干旱、耐瘠薄，是优良的绿化观赏植物和水土保持植物。

37. 鸢尾 *Iris tectorum* Maxim.

鸢尾科鸢尾属。多年生草本。喜阳光充足、气候凉爽的环境，耐寒力极强，亦耐半阴环境。叶片碧绿青翠，花形大而奇，宛若翩翩彩蝶，是花坛及庭园绿化的良好材料，也可作为地被植物。

38. 朱缨花 *Calliandra haematocephala* Hassk.

豆科朱缨花属。落叶灌木或小乔木。喜光，喜温暖湿润气候，不耐寒，适生于深厚肥沃、排水性良好的酸性土壤。花色艳丽，树形姿势优美，叶形雅致，盛夏绒花满树，宜作庭荫树、行道树，种植于林缘、房前、草坪、山坡等地。

39. 琴叶珊瑚 *Jatropha integerrima* Jacq.

大戟科麻风树属。常绿灌木。喜高温高湿环境，怕寒冷与干燥。喜充足光照，稍耐半阴，喜生于疏松肥沃、富含有机质的酸性沙质土壤中。花虽然不大，但花期长，是庭园常见的观赏花卉。

40. 合果芋 *Syngonium podophyllum* Schott

天南星科合果芋属。多年生常绿草本植物，喜高温多湿，适应性强，能适应不同光照环境，喜高温多湿和半阴环境；不耐寒，怕干旱和强光暴晒，喜高温多湿、疏松肥沃、排水性良好的微酸性土壤；多用于室外半阴处作为地被覆盖。

41. 鹅掌楸 *Liriodendron chinense* (Hemsl.) Sarg.

木兰科鹅掌楸属。落叶大乔木。喜光及温和湿润气候，有一定的耐寒性，喜深厚肥沃、适当湿度而排水性良好的酸性或微酸性土壤。鹅掌楸树形高大雄伟，叶形奇特优雅，花大而美丽，是城市中极佳的行道树、庭荫树种，丛植、列植或片植于草坪、公园入口处均有独特的景观效果。

42. 凤凰木 *Delonix regia* (Boj.) Raf.

豆科凤凰木属。落叶大乔木。喜高温多湿和阳光充足环境，不耐寒，耐瘠薄土壤。浅根性，但根系发达，抗风能力强，抗空气污染。树冠高大，花期花红叶绿，满树如火，富丽堂皇，可作为观赏树或行道树。

43. 大叶仙茅 *Curculigo capitulata* (Lour.) O. Kuntze

石蒜科仙茅属。耐阴植物，性耐阴，强健。性喜高温，生育适温为 20～30 ℃。生于树林下、道路旁、石隙作耐阴湿观叶地被，也可庭植或盆栽，作为室内观叶植物。

44. 黄脉爵床 *Sanchezia speciosa* J. Leonard

爵床科黄脉爵床属。多年生常绿灌木。喜温暖、半阴湿润环境。嫩绿色叶片上有明显的橙黄色叶脉，线条清晰，色彩光亮，是观赏价值较高的观叶植物，可以装饰花坛等。

45. 艳山姜 ***Alpinia zerumbet*** **(Pers.)Burtt. & Smith**

姜科山姜属。多年生常绿草本植物,性喜高温潮湿环境,可耐阴但不耐寒,适合保水性良好肥沃的土壤。叶片宽大,色彩绚丽迷人,是一种极好的观叶植物,种植在溪水旁或树荫下,给人以生机盎然之感。

46. 海南红豆 ***Ormosia pinnata*** **(Lour.)Merr.**

豆科红豆属。喜光,对土壤要求严格,喜酸性土壤,抗风,生长较为缓慢,移栽成活较难。树冠圆球形,枝叶繁茂,绿荫效果好,适合作为行道树、园景树和庭荫树。海南红豆的叶片密生,含水量高,树冠空隙小,还可作为防火树。

47. 腊肠树 ***Cassia fistula*** **L.**

豆科腊肠树属。落叶乔木。喜温树种,有霜冻害地区不能生长;性喜光,也能耐一定荫蔽;能耐干旱,亦能耐水湿,对土壤的适应性较强。初夏开花,满树金黄,秋日果荚长垂如腊肠,适宜于在公园、水滨、庭园等处与红色花木配植,也可2～3株成小丛种植,自成一景。

48. 海南蒲桃 ***Syzygium hainanense*** **Chang & Miau**

桃金娘科蒲桃属。小乔木。喜温暖湿润、阳光充足的环境和疏松肥沃的沙质土壤,喜生于水边,可广泛用于生态公益林的营造或改造、园林绿化。

49. 南洋杉 ***Araucaria cunninghamii*** **Sweet**

南洋杉科南洋杉属。乔木。喜光,喜暖湿气候,不耐干旱与寒冷,喜肥沃土壤。生长较快,萌蘖力强,抗风强。南洋杉树形高大,姿态优美,为世界著名的庭园树之一,宜独植作为园景树或纪念树,亦可作为行道树。

50. 阴香 ***Cinnamomum burmanni*** **(Nees & T. Nees)Bl.**

樟科樟属。喜阳光,喜暖热湿润气候及肥沃湿润土壤,常生于肥沃、疏松、湿润而不积水的地方。树冠伞形或近圆球形,株态优美,宜作为庭园树、道旁树和防污绿化树。

51. 含笑花 ***Michelia figo*** **(Lour.)Spreng.**

木兰科含笑属。常绿灌木。性喜半阴,在弱阴下较利于生长,忌强烈阳光直射,不耐干燥瘠薄,但也怕积水,要求排水性良好、肥沃的微酸性土壤,中性土壤也能适应,可作为庭园中供观赏和散发香气的植物。

52. 桂木 ***Artocarpus Parvus*** **Gagnep.**

桑科波罗蜜属。乔木。喜光、喜温湿及肥沃疏松的土壤,小苗及幼树稍耐阴,壮年喜光照。树冠宽阔,枝叶浓密,常绿,可作园林绿化树种。适宜于水边、路旁、草地、建筑附近孤植,也可片植成林。

53. 台湾鱼木 ***Crateva formosensis*** **(Jacobs)B. S. Sun**

山柑科鱼木属。喜光,喜温暖至高温和湿润气候,生命力强。树形优美,可作为景观植物、庭园树或行道树。

54. 非洲楝 ***Khaya senegalensis*** **(Desr.)A. Juss.**

楝科非洲楝属。喜光,喜温暖至高温湿润气候,抗风较强,不耐干旱和寒冷,抗大气污染。夜晚,叶片垂落闭合。该植物可作为庭园树和行道树。

55. 黄花风铃木 ***Handroanthus chrysanthus*** **(Jacq.)S. O. Grose**

紫葳科风铃木属。落叶乔木。性喜高温,生育适温为20～30 ℃。不耐寒,冬季需温暖避风越冬。可在园林、庭园、公路、风景区的草坪、水塘边作为庇荫树或行道树,适宜单独种植或并列种植。

56. 无忧树 ***Saraca dives*** **Pierre**

豆科无忧花属。小型乔木。喜温暖、湿润的亚热带气候，不耐寒，要求排水性良好、湿润肥沃、阳性、疏松肥沃的沙质土壤。花绯红色，盛开时如团团火焰，令人目不暇接，适合作为园林主景、林荫道及市区行道树，是绿化、美化、彩化三结合的园林树种。

57. 锦绣杜鹃 ***Rhododendron*** **×** ***pulchrum*** **Sweet**

杜鹃花科杜鹃花属。半常绿灌木。喜温暖湿润气候，耐阴，忌阳光暴晒。花多，可修剪成形，林下布置，亦可与其他植物配合种植形成模纹花坛，也可单独成片种植。

58. 狗牙花 ***Tabernaemontana divaricata*** **(L.) R. Br. ex Roem. & Schult.**

夹竹桃科狗牙花属。灌木。喜高温、湿润环境，抗寒力较低，喜半阴，全光照下亦能生长良好，喜肥沃、湿润且排水性良好的酸性土壤。枝叶茂密，株形紧凑，花净白素丽，典雅朴质，花期长，为重要的衬景和调配色彩花卉，适宜作为花篱、花径或大型盆栽。

59. 散尾葵 ***Chrysalidocarpus lutescens*** **H. Wendl.**

棕榈科散尾葵属。丛生常绿灌木或小乔木。性喜温暖湿润、半阴且通风性良好的环境，怕冷，耐寒力弱。适宜疏松、排水性良好、肥沃的土壤。枝叶茂密，四季常青，耐阴性强，多作为观赏树栽种于草地、树荫、宅旁。

60. 沿阶草 ***Ophiopogon bodinieri*** **Levl.**

百合科沿阶草属。既能在强阳光照射下生长，又能忍受荫蔽环境，属耐阴植物。耐热耐寒，耐湿性极强。沿阶草长势强健，耐阴性强。植株低矮，根系发达，覆盖速度较快，是一种良好的地被植物，可成片栽植于风景区的阴湿空地和水边湖畔，作为地被植物。

61. 阿江榄仁 ***Terminalia arjuna*** **(Roxb. ex DC.) Wight & Arn.**

使君子科榄仁树属。落叶大乔木。喜温暖湿润、光照充足的环境，耐寒性较好。喜疏松、湿润、肥沃土壤，可耐较高地下水位。根系发达，具有较好的抗风性。常作为城镇园林景观树大量种植，在水岸边、湖边、水库旁可起增加水体景观的效果。

62. 龙柏 ***Sabina chinensis*** **'*Kaizuca*'**

柏科刺柏属。乔木。喜阳，稍耐阴，喜温暖、湿润环境，抗寒，抗干旱，忌积水。适生于干燥、肥沃、深厚的土壤，对土壤的酸碱度适应性强。树形优美，枝叶碧绿青翠，公园篱笆绿化首选苗木，多被种植于庭园作美化用途，应用于公园、庭园、绿墙和高速公路中央隔离带。

63. 高山榕 ***Ficus altissima*** **Bl.**

桑科榕属。大乔木。阳性，喜高温多湿气候，耐干旱瘠薄，抗风，抗大气污染，生长迅速，移栽容易成活，是极好的城市绿化树种，适合作为园景树和遮阴树。

64. 裂叶喜林芋 ***Philodendron bipennifolium*** **Schott**

天南星科喜林芋属。多年生常绿草本植物。较耐阴，较耐寒，要求沙质土壤。叶片巨大，呈粗大的羽状深裂，浓绿色，且富有光泽，叶柄长而粗壮，株形优美，整体观赏效果好，可作为喜阴观叶植物点缀荫蔽环境。

65. 龟背竹 ***Monstera deliciosa*** **Liebm.**

天南星科龟背竹属。灌木。喜温暖湿润、较遮阴的生态环境，忌强光暴晒与干燥，不耐寒，有一定的耐旱性，但不耐涝，极耐阴，可作为观叶植物点缀荫蔽环境。

66. 车轴草 ***Trifolium repens*** **L.**

豆科拉拉藤属。草本植物。喜凉爽湿润的气候，耐旱性差，耐湿，在稍酸性或盐碱性土壤上均能生长，为保持水土的良好植物。花、叶均有观赏价值，绿色期长，花期长，耐践踏，可作为路径沟边、堤岸护坡的保土草坪和厂矿、机关、学校等绿地封闭式草坪。

67. 洋紫荆 *Bauhinia variegata* L.

豆科羊蹄甲属。落叶乔木，喜光。不甚耐寒，喜肥厚、湿润的土壤，忌水涝。萌蘖力强，耐修剪。喜温暖湿润、多雨的气候，阳光充足的环境，喜土层深厚、肥沃、排水性良好的偏酸性沙质土壤。花美丽而略有香味，花期长，生长快，为良好的观赏植物。

68. 鳞粃泽米 *Zamia furfuracea* Ait.

泽米铁科泽米铁属。常绿木本植物。喜温暖湿润和阳光充足的环境，耐干旱，忌积水，稍耐寒，以疏松肥沃、排水良好的微酸性沙质土壤栽培为宜。大型观叶植物，株形优美，终年翠绿，可孤植、对植、丛植作为园林小景点缀。

69. 海芋 *Alocasia macrorrhiza* (L.) Schott

天南星科海芋属。常绿草本植物。喜高温潮湿，耐阴，不宜强风吹，不宜强光照，适合大盆栽培，生长十分旺盛、壮观，有热带风光的气氛。大型的喜阴观叶植物，南方多适用于庭园栽培。

70. 百合竹 *Dracaena reflexa* Lam.

天门冬科龙血树属。多年生常绿灌木或小乔木。喜高温多湿，宜半阴，忌强烈阳光直射，对土壤及肥料要求不高，耐阴性好，是优良的室内观叶植物，可盆栽置于阳台、客厅和窗台观赏，也适用于插花。

71. 刺桐 *Erythrina variegata* L.

豆科刺桐属。落叶乔木。喜温暖湿润、光照充足的环境，耐旱也耐湿，对土壤要求不严，喜肥沃、排水性良好的沙质土壤，不甚耐寒；适合单植于草地或建筑物旁，可供公园、绿地及风景区美化，又是公路及市街的优良行道树。花美丽，可作为观赏树木。

72. 文殊兰 *Crinum asiaticum* var. *sinicum* (Roxb. ex Herb.) Baker

石蒜科文殊兰属。多年生粗壮草本植物。喜温暖、湿润、光照充足、肥沃的沙质土壤，不耐寒，耐盐碱土。花叶优美，具有较高的观赏价值，既可作为园林景区、校园绿地、住宅小区草坪的点缀，又可作为庭园装饰花卉，还可作为房舍周边的绿篱。

73. 对叶榕 *Ficus hispida* L. f.

桑科榕属。喜生于沟谷潮湿地带，对土质的要求不高，在不同的土壤也能生长，可作为庭荫树及行道树。

74. 美人蕉 *Canna indica* L.

美人蕉科美人蕉属。多年生草本植物。喜温暖湿润气候，不耐霜冻，喜阳光充足、肥沃环境；性强健，适应性强，几乎不择土壤，以湿润肥沃的疏松沙质土壤为宜，稍耐水湿。畏强风。花大色艳，色彩丰富，株形好，观赏价值很高，可用于装饰花坛。

75. 棕竹 *Rhapis excelsa* (Thunb.) Henry ex Rehd.

棕榈科棕竹属。常绿观叶植物。喜温暖湿润及通风性良好的半阴环境，不耐积水，极耐阴，畏烈日，稍耐寒；要求疏松肥沃的酸性土壤，不耐瘠薄和盐碱；植于庭园内大树下或假山旁，构成热带山林的自然景观。

76. 锈鳞木樨榄 *Olea ferruginea* Royle

木樨科木樨榄属。灌木或小乔木。四季常青，枝叶繁茂，树形美观，是一种很好的绿篱植物，常修剪成球状，也可几株成组栽植，列植、孤植、盆栽亦可。

77. 吊瓜树 *Kigelia africana* (Lam.) Benth.

紫葳科吊灯树属。常绿乔木。喜强光、耐干旱、耐瘠薄。对土壤要求不高，适应能力强。树冠广伞形，四季常青，开花成串下垂，花大艳丽，主要用于庭园及小区绿化、景观及遮光。

78. 秋海棠 *Begonia grandis* Dry.

秋海棠科秋海棠属。多年生草本植物。在温暖的环境下生长迅速，茎叶茂盛，花色鲜艳，对光照的反应敏感。秋海棠是著名的观赏花卉，矮生、多花，用于布置花坛和草坪边缘。

79. 海桐 *Pittosporum tobira* (Thunb.) Ait.

海桐科海桐属。常绿灌木或小乔木。对气候的适应性较强，耐冷，颇耐热，对土壤的适应性强。喜光，在半阴处也生长良好。喜温暖湿润气候和肥沃湿润土壤，耐轻微盐碱，能抗风防潮。通常用于绿篱栽植，也可孤植、丛植于草丛边缘、林缘或门旁，列植在路边。因为有抗海潮及抗有毒气体的能力，故又作为海岸防潮林、防风林及矿区绿化的重要树种，并宜作城市隔噪音和防火林带的下木。

80. 再力花 *Thalia dealbata* Fraser

竹芋科塔利亚属。多年生挺水草本植物。喜温暖水湿、阳光充足环境，不耐寒冷和干旱，耐半阴，在微碱性的土壤中生长良好。株形美观，是水景绿化中的上品花卉。除供观赏外，还有净化水质的作用，常成片种植于水池或湿地，也种植于庭园水体景观中。

81. 梭鱼草 *Pontederia cordata* L.

雨久花科梭鱼草属。多年生挺水或湿生草本植物。喜温、喜阳、喜肥、喜湿，怕风不耐寒，静水及水流缓慢的水域中均可生长。叶色翠绿，花色迷人，花期较长，可广泛用于园林美化，栽植于河道两侧、池塘四周、人工湿地等。

82. 洋蒲桃 *Syzygium samarangense* (Bl.) Merr. & Perry

桃金娘科蒲桃属。乔木。性喜温暖，怕寒冷，喜湿润的肥沃土壤，对土壤条件要求不高，栽培时做好整枝修剪即可。树形优美，应用于园林绿化，其葱茏的树木、青绿的枝叶，丰硕的果实，已经成为美化环境的亮丽风景线。

83. 蒲桃 *Syzygium jambos* (L.) Alston.

桃金娘科蒲桃属。常绿乔木。性喜暖热气候，属于热带树种。喜温暖湿润、阳光充足的环境和肥沃疏松的沙质土壤，喜生于水边。分枝多而低，叶密集而浓绿，冠幅大如广伞形，是良好的园林观赏树种。

84. 垂枝红千层 *Callistemon viminalis* (Soland.) Cheel.

桃金娘科红千层属。常绿小乔木。性喜暖热，耐烈日酷暑，不耐阴，既喜肥沃潮湿的酸性土壤，也能耐瘠薄干旱的土壤，适合作为行道树、园景树，可用于庭园、校园、公园、游乐区、庙宇等美化，可单植、列植、群植，尤适宜于水池斜植，甚为美观。

85. 水石榕 *Elaeocarpus hainanensis* Oliver

杜英科杜英属。常绿小乔木。喜高温、多湿气候，喜半阴，不耐干旱，喜湿但不耐积水，喜肥沃和富含有机质的土壤，为优良的园林观赏和生态公益林树种。因喜半阴环境，适合在庭园、草地和路旁作第二林层栽植，或作为庭园树。

86. 红枝蒲桃 *Syzygium rehderianum* Merr. & Perry

桃金娘科蒲桃属。灌木至小乔木。热带树种，但抗寒力较强，耐暑热。喜光，也耐稀疏遮阴。喜湿润，也较耐干燥。二年生的红枝蒲桃可修剪成矮小灌木，在园林绿地中作为地被植物片植，或与其他彩叶植物组合成各种图案。红枝蒲桃也可培育成独干不明显、丛生型的小乔木，群植成大型绿篱或幕墙应用在居住区、厂区绿地、街道或公路绿化隔离带，而且可根据个人的喜好或景区的需要修剪成各种各样的形状，如圆形、自然形、层形、塔形等，还可培育成独干或球形树冠的乔木，在绿地中孤植或作为行道树。

87. 黄金香柳 *Melaleuca bracteata 'Revolution Gold'*

桃金娘科白千层属。喜光，我国南方大部分地区适宜栽培，具有较强的抗逆性、耐涝性、耐剪性、抗风性、耐盐碱性以及较快的生长速度，将其作为湿地树种、海滨树种、绿化树种、造林树种等具有更大的优势，对丰富海滨、湿地植物物种和营造海滨靓丽的景观具有重要意义。

88. 南天竹 *Nandina domestica* Thunb.

小檗科南天竹属。木本花卉。喜温暖及湿润的环境，比较耐阴，也耐寒，要求肥沃、排水性良好的沙质土壤，对水分要求不甚严格，既能耐湿也能耐旱。因其形态清雅，也常作为盆景或盆栽来装饰窗台、门厅、会场等。

89. 南美蟛蜞菊 *Sphagneticola trilobata* (L.) Pruski

菊科蟛蜞菊属。草本花卉。主要分布于海滨、水边、石灰岩地区，可在沼泽地、盐碱土、黏土、酸性土壤等上生长。生性强健，耐旱又耐湿，在潮湿至干旱的地方及瘠薄的土壤上都能正常生长。适当修剪保持其低矮度和形态，常常被作为地被绿化植物使用，也适宜于花坛或者吊盆栽培作为悬垂绿化。

90. 九里香 *Murraya exotica* L. Mant.

芸香科九里香属。常绿灌木。阳性树种，喜温暖，不耐寒。对土壤要求不高，宜选用含腐殖质丰富、疏松、肥沃的沙质土壤。树姿秀雅，枝干苍劲，四季常青，开花洁白而芳香，朱果耀目，是优良的观赏植物。

91. 蔓花生 *Arachis duranensis* Krapov. & W. C. Greg.

豆科落花生属。多年生草本植物。喜温暖湿润气候，对土壤要求不高，以红壤土为佳，对有害气体的抗性较强，有较强的耐阴性和一定的耐旱、耐热性，但耐寒性较差。可作为园林绿化的地被植物，公路沿线及隔离带的地被植物，也可植于边坡等地防止水土流失。

92. 紫背竹芋 *Stromanthe sanguinea* Sond.

竹芋科紫背竹芋属。多年生草本植物。喜温暖、潮湿、荫蔽环境，生长适温为 20～30 ℃，需水较多，不耐干旱。较耐热，稍耐寒，5 ℃以上可安然越冬。怕霜冻，喜疏松、肥沃、湿润而排水性良好的酸性土壤。该种叶色丰富多彩，观赏性极强，且多为阴生植物，具有较强的耐阴性，适应性较强，可种植在庭园、公园的林荫下或路旁。

93. 天门冬 *Asparagus cochinchinensis* (Lour.) Merr.

百合科天门冬属。多年生草本植物。喜温暖，不耐严寒，喜阴，怕强光，适宜在土层深厚、疏松肥沃、湿润且排水性良好的沙质土壤（黑沙土）或腐殖质丰富的土壤中生长。盆栽者可用于厅堂、会场观叶、观果，也可切取嫩绿多姿的枝条作为插花的陪衬材料。

94. 烟火树 *Clerodendrum quadriloculare* (Blanco) Merr.

唇形科大青属。小灌木。中性植物，偏阳性。喜高温、湿润，环境，生于向阳至荫蔽之地，生长适温为 20～30 ℃。生性强健，耐热、耐旱、耐瘠、耐阴，是一种罕见的并且极具观赏价值的庭园花木。

95. 蝎尾蕉 *Heliconia metallica* Planch. & Lind. ex Hook. f.

芭蕉科蝎尾蕉属。喜温暖、湿润的环境，适宜在南方湿热地区或大型温室内栽培。因其花色大红大紫、花序似“之”字形蝎尾状而得名，为观花、观叶植物，可用于园林景观绿化布置。

96. 砂糖椰子 ***Arenga pinnata*** **(Wurmb.) Merr.**

棕榈科桄榔属。乔木状植物。喜温暖、湿润和背风向的环境，不耐寒。幼苗期需较高温度，越冬气温不宜低于 10 ℃。成株稍耐寒，但气温低于 5 ℃时也易受害。树形高大，可作行道树或庭园绿化树。

97. 吉祥草 ***Reineckea carnea*** **(Andr.) Kunth**

天门冬科吉祥草属。多年生常绿草本植物。性喜温暖、湿润的环境，较耐寒、耐阴，对土壤的要求不高，适应性强，以排水性良好的肥沃土壤为宜。植株造型优美，叶色翠绿，耐寒、耐阴，可装入金鱼缸或其他玻璃器皿中进行水养栽培。

98. 林刺葵 ***Phoenix sylvestris*** **Roxb.**

棕榈科海枣属。乔木状。性喜高温湿润环境，喜光照，有较强抗旱力。生长适温为 20～28 ℃，冬季低于 0 ℃易受害。可孤植作为景观树，或列植作为行道树，也可三五群植造景，相当壮观，是值得观赏的棕榈植物，应用于住宅小区、道路绿化，庭园、公园造景等效果极佳，为优美的热带风光树。

99. 旅人蕉 ***Ravenala madagascariensis*** **Adans.**

芭蕉科旅人蕉属。乔木。喜温暖、向阳环境，生长适温为 15～30 ℃，要求在夜间温度不能低于 8 ℃。比较喜光，适合在高温高湿的气候环境中生长。叶硕大奇异，姿态优美，其装饰效果极佳，适宜在公园或校园栽植，作为造景观赏的植物。

100. 假槟榔 ***Archontophoenix alexandrae*** **(F. Muell.) H. Wendl. & Drude**

棕榈科假槟榔属。乔木状植物。喜高温、高湿和避风向阳的气候环境，在土层深厚、肥沃，排水性良好和微酸性的沙质土壤中生长良好，具有一定的抗旱能力。树形优美，集观叶、花、果、茎于一体，适宜于在公园、绿地中对植、列植，可增添热带风趣。

101. 狭叶翠芦莉 ***Ruellia simplex*** **C. Wright**

爵床科芦莉草属。草本植物。耐干旱能力较强，喜高温，耐酷暑，不择土壤，耐贫瘠力强，耐轻度盐碱土壤，但较怕积水。喜温暖湿润气候，抗寒力较低。品种可分为高性种和矮性种两种类型，高性种适合自然花境或在庭园种植；矮性种适合盆栽观赏，也可作为花坛或地被的镶边材料。

102. 节花竹芋 ***Ctenanthe oppenheimiana***

竹芋科锦竹芋属。多年生草本花卉。喜高温高湿的半阴环境，不耐寒，忌烈日暴晒。生长适温为 20～35 ℃，冬季保持 15 ℃以上温度，低于 13 ℃就会受冻害，主要用于室内盆栽及花坛花卉。

103. 美丽异木棉 ***Ceiba speciosa*** **(A. St. -Hil.) Ravenna**

锦葵科吉贝属。落叶乔木。强阳性树种，喜光而稍耐阴，喜高温多湿气候，略耐旱瘠，忌积水，以土层疏松、排水性良好的沙质土壤或冲积土为佳；抗风、速生、萌芽力强，是优良的观花乔木，是庭园绿化和美化的高级树种，也可作为高级行道树。

104. 江边刺葵 ***Phoenix roebelenii*** **O'Brien**

棕榈科刺葵属。较耐阴，耐旱，耐瘠。幼苗需要半阴的环境，忌暴晒。喜排水性良好、肥沃的沙质土壤。抗冻性不强，是良好的庭园观赏植物，也可以盆栽观赏，在南部热带地区可作行道树和园林绿化树。

105. 酒瓶椰子 ***Hyophorbe lagenicaulis*** **(L. H. Bailey) H. E. Moore**

棕榈科酒瓶椰子属。能耐 3 ℃的低温，生长适温为 22～32 ℃。喜光，喜温暖、湿润，不耐寒，是珍贵的观赏棕榈植物，既可盆栽用于装饰宾馆的厅堂和大型商场，也可孤植于草坪或庭园之中，观赏效果极佳。

106. 黄金间碧竹 ***Bambusa vulgaris*** **Schrader cv.** ***Vittata*** **McClure**

禾本科簕竹属。耐寒性稍弱，喜光而略耐半阴，在疏松湿润的沙质土壤或冲积土上生长快。其秆金黄色，兼以绿色条纹相间，色彩鲜明夺目，具有较高的观赏性，为著名的观秆竹种，宜于庭园孤植、丛植观赏。

107. 佛肚竹 ***Bambusa ventricosa*** **McClure**

禾本科簕竹属。耐水湿，喜光植物。喜温暖湿润气候，抗寒力较低，能耐轻霜及极端 0 ℃左右低温。喜肥沃湿润的酸性土壤，要求疏松和排水性良好的酸性腐殖土及沙质土壤，适合在庭园、公园、水滨等处种植，与假山、崖石等配植更显优雅。

108. 果冻椰子 ***Butia capitata*** **(Mart.) Becc.**

棕榈科果冻椰子属。适生于阳光充足、气候温暖的环境，耐干热、干冷，耐寒性强，在质地疏松、湿润的土壤中生长较好。喜阳光，耐寒。适合列植，在较宽的道路两边作为行道树；也可丛植，与草坪、花灌木配植，形成疏密有致、视觉疏朗的植物景观空间；孤植于草坪上，更能体现其气势。

109. 火焰树 ***Spathodea campanulata*** **Beauv.**

紫葳科火焰树属。落叶大乔木。阳性植物，需强光，生育适温为 23～30 ℃，热带树种生长快，耐热、耐旱、耐湿、耐瘠，枝脆不耐风，易移植修剪为球形，可错落有致地栽植于草坪之上，点缀于庭园深处，还可规则式地布置在道路两旁或中间绿化带，起到绿化、美化和醒目的作用。

110. 糖胶树 ***Alstonia scholaris*** **(L.) R. Br.**

夹竹桃科鸡骨常山属。乔木。糖胶树喜湿润空气，生于丘陵山地疏林中、路旁或水沟边。亦较耐干燥，耐阴也耐强光，酸性土壤及碱性土壤均能生长。树枝轮生，叶片多轮如托盘，果垂挂如长条，树冠端整，尤具观赏价值，可作为园林观赏树种。

111. 红花羊蹄甲 ***Bauhinia*** **×** ***blakeana*** **Dunn**

豆科羊蹄甲属。常绿乔木。喜温暖湿润、多雨的气候、阳光充足的环境，喜土层深厚、肥沃、排水性良好的偏酸性沙质土壤。它适应性强，有一定耐寒能力，极耐修剪，花期长。该物种是美丽的观赏树木，颇耐烟尘，特别适合作为行道树，为广州主要的庭园树之一。

112. 海杧果 ***Cerbera manghas*** **L.**

夹竹桃科海杧果属。偏阳性树种，喜温暖湿润气候，在深厚、肥沃、排水性良好的酸性或偏酸性土壤上生长良好。本种叶大花多，姿态优美，适合庭园栽培观赏或用于海岸防潮，也是优良的园景行道树。

113. 赤苞花 ***Megaskepasma erythrochlamys*** **Lindau**

爵床科赤苞花属。常绿小灌木。喜暖湿气候，稍喜阳，耐阴，不耐寒，适合在热带、亚热带地区栽培，不可暴晒。赤苞花是中国比较少见的优良园林观赏花卉，在园林造景上可用于建筑、亭、榭旁布景，营造狂野奔放的热带气息，也可用于花坛布置、盆栽观赏或作为切花素材。

114. 醉蝶花 ***Cleome spinosa*** **Jacq.**

山柑科白花菜属。一年生草本植物。适应性强，喜高温，较耐暑热，忌寒冷。喜阳光充足地区，半遮阴地亦能生长良好。喜湿润土壤，亦较能耐干旱，忌积水。醉蝶花的花瓣轻盈飘逸，盛开时似蝴蝶飞舞，颇为有趣，可在夏、秋季布置花坛、花境，也可进行矮化栽培，将其作为盆栽观赏。在园林应用中，可根据其能耐半阴的特性，种在林下或建筑阴面观赏。

115. 波罗蜜 *Artocarpus heterophyllus* Lam.

桑科波罗蜜属。常绿乔木。喜热带气候，喜光，生长迅速，幼时稍耐阴，喜深厚肥沃土壤，忌积水。树干通直，树性强健，树冠茂密，产果量多，是优良的园林绿化用材，可在庭园、小游园种植，或作为行道树，起到遮阴及观果的园林效果。

116. 罗汉松 *Podocarpus macrophyllus* (Thunb.) Sweet

罗汉松科罗汉松属。常绿针叶乔木。喜温暖湿润气候，耐寒性弱，耐阴性强，喜排水性良好、湿润的沙质土壤，对土壤适应性强，盐碱土上亦能生存。罗汉松盆景树姿葱翠秀雅，苍古矫健，叶色四季鲜绿，有苍劲高洁之感。如附以山石，制作成鹰爪抱石的姿态，更为古雅别致。罗汉松与竹、石组景，极为雅致。

117. 变叶木 *Codiaeum variegatum* (L.) A. Juss.

大戟科变叶木属。灌木或小乔木。喜高温、湿润和阳光充足的环境，不耐寒，喜湿怕干。变叶木因其叶形、叶色的变化显示出色彩美、姿态美，多用于公园、绿地和庭园美化，既可丛植，也可作为绿篱。

118. 葱莲 *Zephyranthes candida* (Lindl.) Herb.

石蒜科葱莲属。多年生草本植物。喜肥沃土壤，喜阳光充足，耐半阴与低湿，宜肥沃、带有黏性而排水性好的土壤，较耐寒，适用于林下、边缘或半阴处作园林地被植物，也可作为花坛、花境的镶边材料，在草坪中成丛散植，可组成缀花草坪，也可盆栽供室内观赏。

119. 紫玉兰 *Magnolia liliflora* Desr.

木兰科木兰属。落叶灌木或小乔木。喜光，不耐阴；较耐寒，喜肥沃、湿润、排水性良好的土壤，忌黏质土壤，不耐盐碱；肉质根，忌水湿；根系发达，萌蘖力强。紫玉兰花朵艳丽怡人，芳香淡雅，孤植或丛植都很美丽，树形婀娜，枝繁花茂，是优良的庭园、街道绿化植物。

120. 碧冬茄 *Petunia hybrida* hort. ex Vilm.

茄科矮牵牛属。多年生草本。喜温暖和阳光充足的环境，不耐霜冻，怕雨涝，宜用疏松肥沃和排水性良好的沙质土壤，是优良的花坛花卉，也可自然式丛植，还可作为切花材料，气候适宜或温室栽培可四季开花，可以广泛用于花坛、花槽配植及景点摆设等。

121. 长春花 *Catharanthus roseus* (L.) G. Don

夹竹桃科长春花属。亚灌木。喜高温、高湿、耐半阴，不耐严寒，喜阳光，忌湿怕涝，一般土壤均可栽培，但不宜植于盐碱土壤，以排水性良好、通风透气的沙质土壤或富含腐殖质的土壤为好，广泛应用于庭园、会议等场所。

122. 地被菊 *Chrysanthemum*×*morifolium* '*Ground Cover*'

菊科菊属。草本植物。喜充足阳光，也稍耐阴，较耐旱，忌积涝，要求疏松、肥沃土壤。可盆栽、地植，作为花篱、园林造景等。

123. 巴西野牡丹 *Tibouchina semidecandra* (Mart. & Schrank ex DC.) Cogn.

野牡丹科蒂牡花属。喜高温，极耐旱和耐寒，花期长，大都集中在夏季。一般盆栽阳台观赏或庭园花坛种植。

124. 双荚决明 *Cassia bicapsularis* L.

豆科决明属。喜光，稍能耐阴，生长快，宜在疏松、排水性良好的土壤中生长，肥沃土壤中开花旺盛。耐修剪，可作秋季盆花，−5 ℃不落叶。双荚决明整体效果好，尤其是花、叶具有较高观赏价值，可丛植、片植于庭园、林缘、路旁、湖缘等。

125. 卵叶女贞 ***Ligustrum ovalifolium*** **Hassk.**

木樨科女贞属。常绿灌木或小乔木。长势快,抗病能力强,适应性强,冬季不怕冻,四季不变色。叶小枝细,可以修剪成质感细密的地被色块、绿篱或球形灌丛,也可以蓄养成银绿或乳白色的小乔木,与其他红、黄、紫、蓝色叶树种配植,可形成强烈的色彩对比,极具应用价值。

126. 木棉 ***Bombax ceiba*** **L.**

锦葵科木棉属。落叶大乔木。喜温暖干燥和阳光充足环境。不耐寒,稍耐湿,忌积水。耐旱,抗污染、抗风力强,深根性,速生,萌芽力强。以深厚、肥沃、排水性良好的中性或微酸性沙质土壤为宜。木棉树形高大雄伟,春季红花盛开,是优良的行道树、庭荫树和风景树。

127. 黄蝉 ***Allamanda neriifolia*** **Hook.**

夹竹桃科黄蝉属。常绿灌木。喜高温、多湿,阳光充足,稍耐半遮阴,喜肥沃、排水性良好的土壤,黏质土壤生长较差,忌积水和盐碱地。不耐寒冷,忌霜冻,较耐水湿,不耐干旱,宜种于花坛、花径或建筑物周围,与彩色花配植,丰富园林景色;也可种植于公园、工矿区、绿地、阶前、山坡、池畔、路旁群植或作为花篱,供庭园及道路旁作观赏用。

128. 水松 ***Glyptostrobus pensilis*** **(Staunt.)Koch**

杉科水松属。乔木。喜光树种,喜温暖湿润的气候及湿润的环境,耐湿,不耐低温,对土壤的适应性较强,除盐碱土之外,在其他各种土壤上均能生长。根系发达,可栽于河边、堤旁或田埂作固堤护岸和防风之用。树形优美,可作庭园树种。

129. 铁刀木 ***Cassia siamea*** **Lam.**

豆科决明属。常绿乔木。阳性植物,需强光,适宜温度为23~30 ℃。生长快,耐热、耐旱、耐湿、耐瘠、耐碱、抗污染、易移植。可作为园林、防护林树种或行道树,依地形可采取单植、列植、群植栽培。

130. 睡莲 ***Nymphaea alba*** **L.**

睡莲科睡莲属。多年生浮叶型水生草本植物。生于池沼、湖泊中,喜阳光充足、温暖潮湿、通风性良好的环境。耐寒,能耐-20 ℃的气温。对土质要求不高,但喜富含有机质的土壤。睡莲可池塘片植和居室盆栽,还可以结合景观的需要,选用外形美观的缸盆,摆放于建设物、雕塑、假山石前。

131. 莲 ***Nelumbo nucifera*** **Gaertn.**

睡莲科莲属。多年生水生草本花卉。喜相对稳定的平静浅水、湖沼、泽地、池塘;非常喜光,生育期需要全光照的环境。莲极不耐阴,在半阴处生长就会表现出强烈的趋光性。在山水园林中作为主题水景植物,可作为多层次配植中的前景、中景、主景。

132. 大果榕 ***Ficus auriculata*** **Lour.**

桑科榕属。乔木或小乔木。喜生于低山沟谷潮湿雨林中,耐旱,耐寒,对土壤和气候条件要求不高,在轻质土壤、黏质土壤、沙质土壤,甚至盐碱地上都能生长。树冠呈圆伞形,叶色浓绿碧亮,适合做庭荫树、行道树。

133. 露兜树 ***Pandanus tectorius*** **Sol.**

露兜树科露兜树属。常绿分枝灌木或小乔木。喜高温、湿润和阳光充足环境,不耐寒,较耐阴,喜富含有机质和排水性良好的沙质土壤,可作观叶植物、海边观赏植物。

134. 菲岛福木 ***Garcinia subelliptica*** **Merr.**

藤黄科藤黄属。乔木。生于海滨的杂木林中,能耐暴风和怒潮的侵袭,根部巩固,枝叶茂盛,是中国沿海地区营造防风林的理想树种。

135. 使君子 ***Quisqualis indica*** **L.**

使君子科使君子属。攀援灌木。喜温润,深根性,根系分布广而深。宜栽于向阳背风处。对土质要求不高,但以排水性良好的肥沃沙质土壤为佳。在园林应用上是优良的藤架植物或半直立的绿化分隔带植物。

136. 杜鹃叶山茶 ***Camellia azalea*** **C. F. Wei**

山茶科山茶属。夏、秋季为盛花期,即便在气温高达38 ℃的夏季,也依然红花满树。杜鹃红山茶也能耐低温,耐旱和长势极快,一般分布在林冠下层,为半阳性树种,较耐阴。花大、鲜艳、叶片独特、树冠优美,可作为园景树、花篱、盆景及切花材料等。

137. 龙血树 ***Dracaena draco*** **(L.)L.**

天门冬科龙血树属。乔木。喜阳光充足,也很耐阴。喜高温多湿环境,宜室内栽培。只要温度条件合适,一年四季均处于生长状态。大型植株可布置庭园、大堂、客厅,小型植株和水养植株适合装饰书房、卧室等。

138. 梭果玉蕊 ***Barringtonia fusicarpa*** **Hu**

玉蕊科玉蕊属。常绿大乔木。生于密林中的潮湿地。树形优美,叶色油绿,花果序长而飘逸,为优良的园林景观树种。

139. 红粉扑花 ***Calliandra emarginata*** **(Humb. & Bonpl. ex Willd.)Benth.**

含羞草科朱缨花属。喜高温和强光照,在热带、亚热带地区具有广泛适应性。株形紧凑丰满,叶形独特美观,花柔美可爱,花期长,景观效果好,适合庭园美化。

140. 炮仗花 ***Pyrostegia venusta*** **(Ker-Gawl.)Miers**

紫葳科炮仗藤属。喜向阳环境和肥沃湿润、酸性土壤。生长迅速,在华南地区能保持枝叶常青,可露地越冬,作为庭园观赏藤架植物栽培。多植于庭园、建筑物的四周,攀援于凉棚上,初夏红橙色的花朵累累成串,状如鞭炮。

141. 茶梅 ***Camellia sasanqua*** **Thunb.**

山茶科山茶属。小乔木。喜温暖湿润气候,喜光而稍耐阴,忌强光,属半阴性植物;既怕过湿又怕干燥,较耐寒。可于庭园和草坪中孤植或对植;较低矮的茶梅可与其他花灌木配植于花坛、花境,或作配景材料植于林缘、角落、墙基等处作为点缀装饰。

主要参考文献

[1] 周厚高.麝香百合杂种系研究[M].武汉:华中科技大学出版社,2017.

[2] 周厚高.我的花卉手册:百合[M].广州:广东科技出版社,2015.

[3] 周厚高.园林苗圃学(华南版)[M].北京:中国农业出版社,2014.

[4] 包满珠.花卉学[M].3版.北京:中国农业出版社,2011.

[5] 李扬汉.植物学[M].3版.上海:上海科学技术出版社,2015.

[6] 鲁涤非.花卉学[M].北京:中国农业出版社,1998.

[7] 张绍升,刘国坤,肖顺,等.花卉病虫害速诊快治[M].福州:福建科学技术出版社,2019.

[8] 陈俊愉,程绪珂.中国花经[M].上海:上海文化出版社,1990.

[9] 中国农业百科全书编辑部.中国农业百科全书[M].北京:中国农业出版社,1996.

[10] 黎佩霞,范燕萍.插花艺术基础[M].2版.北京:中国农业出版社,2007.

[11] 林侨生.观叶植物原色图谱[M].北京:中国农业出版社,2002.

[12] 唐莉娜,译.室内观赏植物图典——品种·搭配·栽培·管理[M].福州:福建科学技术出版社,2002.

[13] 张树宝.花卉生产技术[M].3版.重庆:重庆大学出版社,2008.